本书获得以下资助

云南省林业科技创新项目“云南核桃主要病虫害种类及危害评价”[(2014) CX05]

核桃主要病害
原色图鉴及绿色防控

杨 斌 赵 宁 陈玉惠 周彤燊 等 著

科 学 出 版 社
北 京

内 容 简 介

本书是在对核桃主产区的核桃病害进行系统研究的基础上完成的，包括66种由不同病原物引起的核桃病害。本书介绍了22种病原物引起的叶部病害，25种病原物引起的枝干病害（涉及复合侵染问题），17种病原物引起的果实病害，2种病原物引起的根部病害，最后对核桃产业健康发展进行了总结和展望。书中对每一种病害既有病害症状和病原形态特征描述，也有对应的彩色图版，同时还对同类核桃病害绿色防控策略进行了介绍。

本书可以作为科研单位、林业生产部门的科技人员和核桃种植户的工具书。

图书在版编目（CIP）数据

核桃主要病害原色图鉴及绿色防控 / 杨斌等著. — 北京：科学出版社，2020.4

ISBN 978-7-03-061837-5

Ⅰ.①核… Ⅱ.①杨… Ⅲ.①核桃—病虫害防治 Ⅳ.①S436.64

中国版本图书馆CIP数据核字(2019)第142430号

责任编辑：李小锐／责任校对：彭　映

责任印制：罗　科／封面设计：墨创文化

科 学 出 版 社 出版

北京东黄城根北街16号

邮政编码：100717

http://www.sciencep.com

成都锦瑞印刷有限责任公司印刷

科学出版社发行　各地新华书店经销

*

2020年4月第　一　版　　开本：B5（720×1000）

2020年4月第一次印刷　　印张：12

字数：240 000

定价：88.00元

（如有印装质量问题，我社负责调换）

《核桃主要病害原色图鉴及绿色防控》编写组成员

杨　斌（西南林业大学）
赵　宁（西南林业大学）
陈玉惠（西南林业大学）
周彤燊（西南林业大学）
泽桑梓（云南省林业和草原有害生物防治检疫局）
冯小飞（西南林业大学）
户连荣（云南省林业和草原科学院）
季　梅（云南省林业和草原科学院）
杨　倩（云南省林业和草原科学院）
杨建华（云南省林业和草原科学院）
王大伟（西南林业大学）
赵玉美（西南林业大学）

关于有丝分裂孢子类群 Mitosporic Fungi 的分类地位说明

本书对病原真菌都介绍了其分类地位。由于真菌分类系统近些年有较大变动，本书中的“有丝分裂孢子类群 Mitosporic Fungi”，即过去常称的半知菌 Fungi Imperfecti，也称无性型真菌 Anamorphic Fungi，其中多数是子囊菌的无性态。对这个类群，根据一些分类学家的意见，不再设纲、目、科等分类单元。故本书中这个类群的病原菌也不再按纲、目、科写出。

前言

核桃因其较高的营养价值深受世界人民喜爱，被列为世界四大干果之首。在中国，因有“以形补形”的食疗文化，核桃被赋予特殊的补脑价值，作为有健脑功能的食品而备受推崇，具有悠久的栽培历史和广泛的栽培区域。20 世纪 80 年代，在河北武安县磁山距今 7330 年的原始社会遗址发现碳化核桃标本，证明我国是核桃原产地之一。公元 3 世纪西晋张华著的《博物志》记载，“张骞使西域，得还胡桃种”，这是我国最早引种核桃的记载。

千百年来，我国核桃以野生核桃、庭院栽培和四旁栽培为主，种植规模并不大，20 世纪中期核桃栽培面积只有一千多万亩。随着家庭联产承包责任制的发展，特别是退耕还林还草政策、扶贫、脱贫政策实施以来，核桃作为兼具生态效益和经济效益的树种深受山区林农的欢迎，种植面积连年快速增长。截至 2018 年，全国核桃面积几乎达到森林面积的 3%，核桃年产值近千亿元。迄今我国核桃种植面积已超过 1 亿亩，集中连片规模化种植面积占总面积的 50% 以上，种植面积、产量均居世界第一。

然而，大规模集中连片种植导致有害生物发生风险的概率迅速增大。事实证明，我国核桃有害生物的危害正日趋严重，主要原因有：第一，核桃栽培范围广。水平分布范围从北纬 21°08′ 的云南勐腊县到北纬 44°54′ 的新疆博乐县，纵越纬度 23°46′；西起东经 75°15′ 的新疆塔什库尔干，东至东经 124°21′ 的辽宁丹东，横跨经度 49°06′。垂直分布范围为海拔 400 ～ 1900m 的山坡及丘陵地带。由于其适生区气候环境差异大，种类繁多的有害生物在不同区域有明显差异。第二，人为选育，抗性基因丧失。经过多年选育，已经形成上百个核桃品种，而选育过程中优良抗性基因的逐步丧失，导致核桃有害生物发生日益严重。第三，短时间内大规模种植带来有害生物风险。2000 年至今是核桃种植规模扩大的高峰期，全国核桃种植面积扩大了 8 倍左右，短时间内大规模种植使栽培过程中适地适树原则贯彻不到位，苗木质量得不到保证，带来较大有害生物风险。第四，管理粗放，有害生物易发多发。目前，中国核桃多数是以家庭为单位种植和经营管理的，经营管理粗放造成有害生物多发易发，发生后也得不到有效控制。第五，集中连片种植使有害生物传播蔓延快。核桃产业经过最近 20 年的快速发展，已由早期庭院和四旁种植发展成集中连片种植，集中连片种植和以家庭为单位的经营管理使得有害生物因防控不及时有效而快速扩展蔓延，造成较大的经济和生态损失。第六，核桃种植户防控核桃病虫害的能力低。尽管核桃在中国已有上千年的栽培历史，但是由于早期核桃抗性强，种植模式是小规模分散种植，核桃有害生物发生并不严重，林农没有积累防控有害生物的经验和技术。加之山区林农受教育程度低，不能正确识别有害生物种类，没有掌握有效防控技术，面对突然大规模发生的核桃有害生物，多数林农束手无策。另外，在核桃适生的山区，交通不便，有害生物监测和防控都困难，不能做到早发现早控制；再者，不少核桃有害生物是新病害或新虫害，林农甚至技术人员都未掌握其发生危害的规律，缺乏有效防控技术，致使防控困难。在西部部分核桃主产区，核桃是林农主要经济来源。有害生物的危害将会对山区林农造成不可承受的经济之痛。

为普及核桃有害生物防控知识，传播绿色防控技术，著者在多年研究基础上出版了本书和《核桃主要害虫原色图鉴及绿色防控》。旨在帮助林业科技工作者和核桃种植户正确地识别和防治核桃病虫害，以期减少核桃因有害生物造成的经济损失，提高核桃品质，保障核桃种植户经济效益。

本书得到云南省林业和草原局林业科技创新项目的资助。特别感谢云南省林业和草原有害生物防治检疫局各级部门在标本采集过程中给予的大力支持！感谢对标本鉴定付出巨大贡献的各位老师和同学！

由于编者水平有限，不足之处在所难免，敬请专家和读者批评指正。

目录

核桃叶部主要病害

核桃叶部病害是核桃常见的病害，种类也较多，病原菌主要包括真菌和细菌两大类，据症状表现，主要分为叶枯、叶斑（褐斑、灰斑等）、炭疽、白粉等。初期叶片出现退绿斑或者水渍状病斑，随着病害发展，病斑扩大、变黑或干枯，后期在叶斑上常出现病原菌的子实体。

叶部病害对核桃的影响主要表现在：影响核桃叶片光合作用，导致有机物合成受阻，使果实不饱满，产量减少，品质下降；引起核桃系统或局部生理变化，造成核桃长势不良，树势衰弱，影响产量，衰弱的核桃树更容易遭受害虫攻击，加速核桃的衰弱甚至死亡；叶片感病后提早脱落，不但营养积累少，还使核桃树提早进入休眠。一旦在秋冬季出现适宜温度而核桃又提早萌发或开花，将消耗大量营养，致使第二年核桃产量急剧减少，甚至绝收。

叶部病害的发生与环境条件和树木长势关系密切。高温高湿、树势衰弱、核桃园种植过密、通风透光不良、抗性弱的品种都易发生叶部病害。

病原菌侵染核桃叶片主要由气孔和伤口侵入，病原菌传播可通过繁殖体弹射传播，借助风力传播和借助昆虫传播，甚至雨水溅射也能携带病原菌传播。

叶枯病

小孢拟盘多毛孢

Pestalotiopsis microspora (speg) Batista & Peres（无性态）

多毛球壳菌

Pestalosphaeria juglandis T.X. Zhou, Y.H. Chen &Y.M. Zhao（有性态）

拟盘多毛孢属 *Pestalotiopsis* Steyaete 隶属于有丝分裂孢子类群 Mitosporic Fungi，产分生孢子盘的腔孢菌。

多毛球壳菌属 *Pestalosphaeria* M.E.Barr. 隶属于子囊菌门 Ascomycota 子囊菌纲 Ascomycetes 粪壳亚纲 Sordariomycetidae 炭角菌目 Xylariales 黑盘孢科 Amphisphaeriaceae（该新种待发表）。

【病害症状】

发病初期，叶片上出现圆形或近圆形水渍状深褐色小病斑（主要分布在叶中脉外靠近叶缘处），后逐渐向周围扩展成近圆形、椭圆形或不规则的病斑，同时病斑中部颜色变浅呈灰色，边缘深褐色，病健交界处明显。随着病斑的继续扩大，叶缘处病斑相连成片，表面散生稀疏的小黑点，为病原菌的分生孢子器；后期，受害叶缘所有病斑联合成片，病斑颜色继续变浅呈黄白色，边缘褐色，病斑上出现明显或不明显的轮纹，表生的黑色小粒点，为病原菌有性态的子囊壳，叶片干枯卷曲、脱落。

病害症状

【病原主要形态特征】

➘ 显微特征

无性态：突破寄主表皮的分生孢子盘直径为 (75.0~)103.0~220.0(~350.0)μm，褐色。分生孢子梭形，大小为 [(15.0~)20.0~28.0]μm×[4.0~6.5(~7.5)]μm，有 4 个隔膜，隔膜处略缢缩或不缢缩。5 个细胞中，两端细胞无色，中间三色胞褐色，大小为 (10.0~)13.0~17.0(~19.5)μm；顶端细胞具 3 ～ 5 根细长的附属丝，长为 5.0~20.0(~27.5)μm，基部细胞有 1 根附属丝。

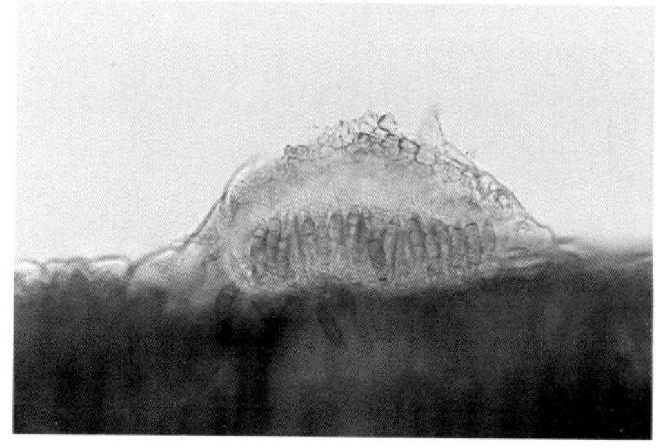
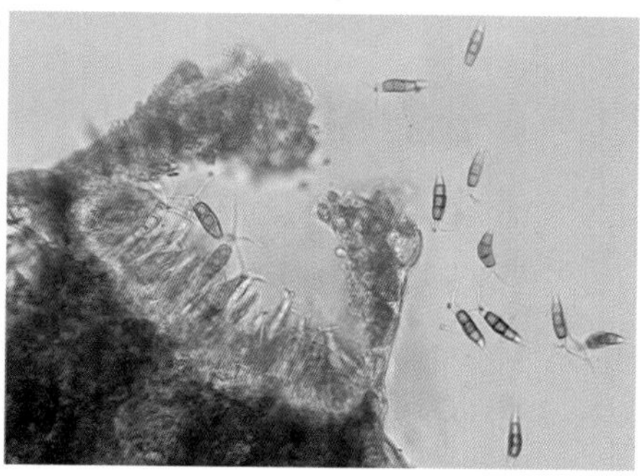

Pestalotiopsis microspora 的分生孢子盘、分生孢子

有性态：子囊壳瓶形、近球形，大小为 (150.0~180.0)μm×(130.0~170.0)μm，浅褐色，具孔口。子囊棒状，大小为 (75.0~100.0)μm×(5.0~10.0)μm，无色，其间有侧丝。子囊孢子椭圆形，略弯，大小为 (9.0~12.5)μm×(3.0~5.0)μm，具 3 胞，即 2 个隔膜，分隔处无缢缩，浅褐色。

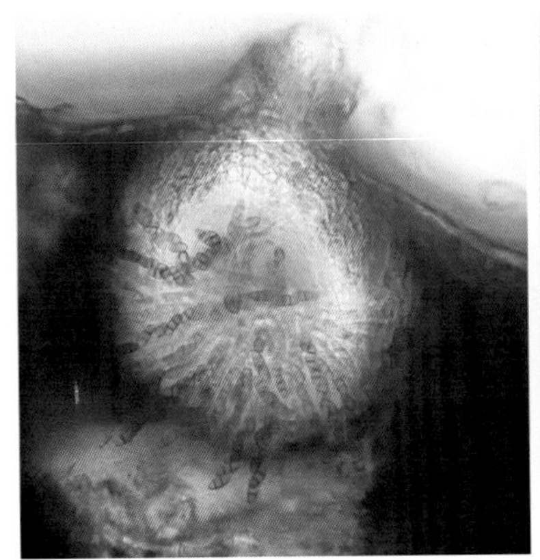

Pestalosphaeria juglandis
的子囊壳、子囊、子囊孢子

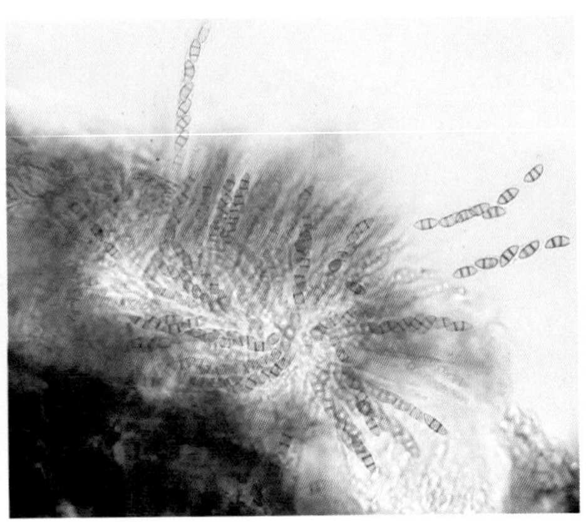

Pestalosphaeria juglandis 的子囊和子囊孢子

培养性状

菌落绒状，白色，较厚，具环纹或不具环纹，后期表面可产黑色颗粒物并溢出黑色黏液，为病原菌的分生孢子盘和分生孢子堆；菌落背面呈浅黄色至浅褐色，环纹不明显，具黑色斑点；培养基平板不变色。

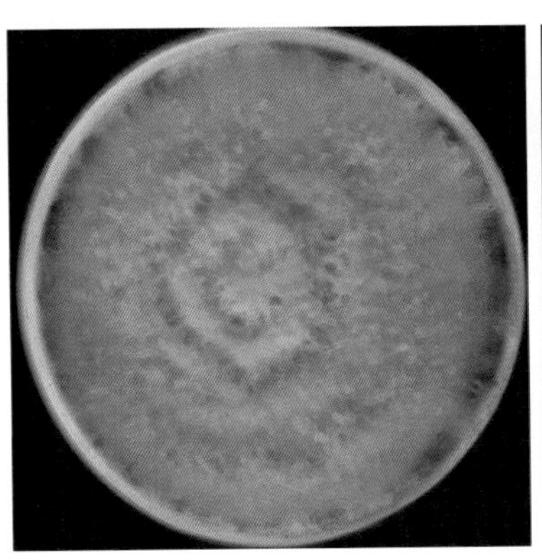

菌落

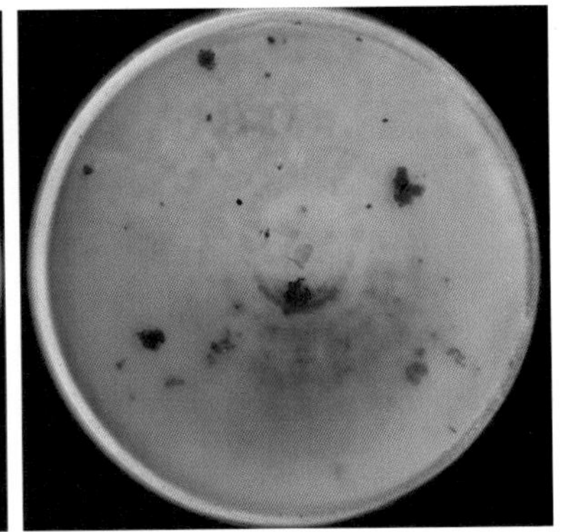

菌落背面

【病害发生发展规律】

病原菌以菌丝体、子囊壳在病叶、病落叶上越冬，子囊孢子次年春成熟并借风雨传播，从伤口或气孔侵入致病，4 ～ 9 月发病，分生孢子可多次产生并重复侵染，生长衰弱的植株易发病。

棕榈盾壳霉

Coniothyrium palmarum Corda

盾壳霉属 *Coniothyrium* Corda 隶属于有丝分裂孢子类群 Mitosporic Fungi，产分生孢子器的腔孢菌。

【病害症状】

感病叶初期局部退绿，变黄或呈黄绿色，叶片上出现椭圆形、长形或不规则形水渍状褐色、深褐色病斑，后病斑扩展相连成片，主要集中于叶尖和叶缘并向外翻卷，枯死后，病斑变灰白色，上生小黑点，为病原菌的分生孢子器。

病害症状

【病原主要形态特征】

显微特征

分生孢子器球形，直径为 78.0~200.0μm，散生。全壁芽生环痕式 (hb-ann) 产孢。分生孢子椭圆形、宽椭圆形，大小为 (5.0~10.0)μm×(2.5~5.0)μm，单胞，褐色。

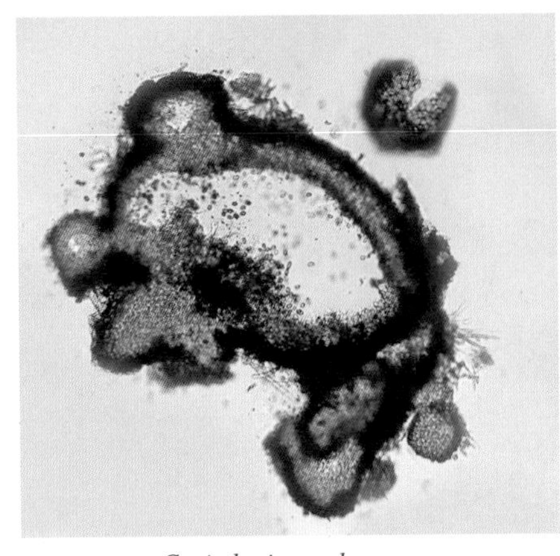

Coniothyrium palmarum
的分生孢子器（产于培养基平板）

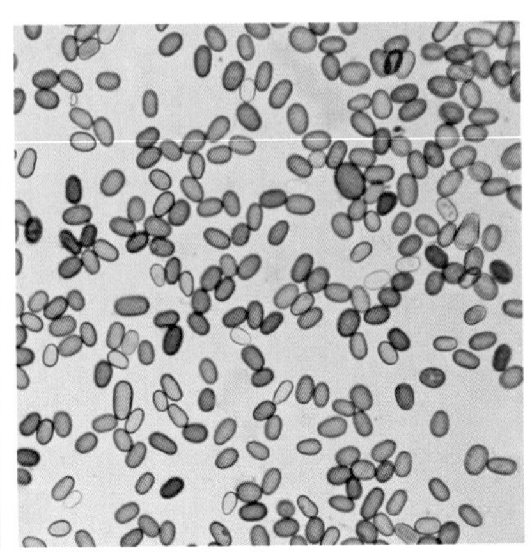

Coniothyrium palmarum 的分生孢子

培养性状

菌落浅褐色，较薄，表面产黑色颗粒物，为病原菌的分生孢子器；菌落背面褐色，具黑色斑点；培养基平板变为浅黄色。

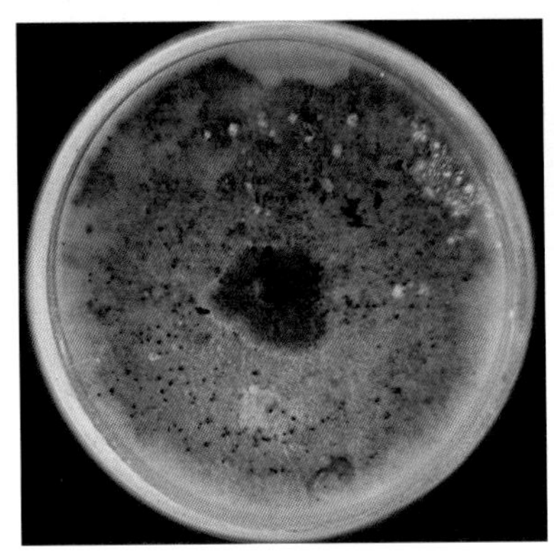

菌落

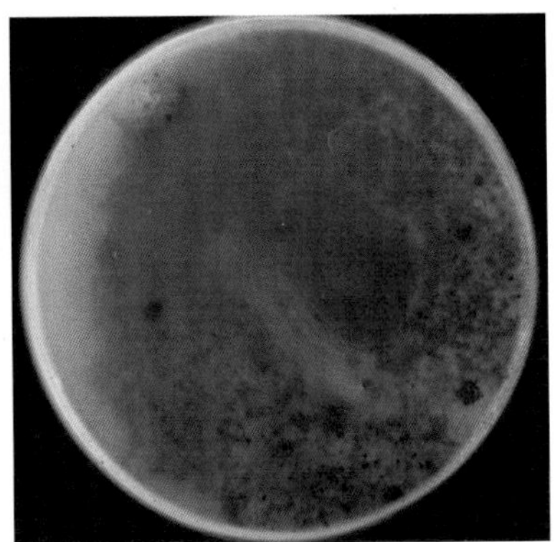

菌落背面

【病害发生发展规律】

病原菌以菌丝体和分生孢子器在病叶及病落叶上越冬。次年春天产生的分生孢子借风雨传播，多从伤口和气孔侵入。生长季节，分生孢子可重复产生并再侵染。高温潮湿，多风雨，利于发病。栽植过密，通风透光不良，常发病重。

大孢大茎点

Macrophoma macrospora (McAlp.) Sacc.et D.Sacc.（无性态）

胡桃囊壳孢

Physalospora juglandis Syd. et Hara（有性态）

大茎点属 *Macrophoma*（Sacc.）Berl. et Vogl. 隶属于有丝分裂孢子类群 Mitosporic Fungi，产分生孢子器的腔孢菌。

囊壳孢属 *Physalospora* Niessl 隶属于子囊菌门 Ascomycota 子囊菌纲 Ascomycetes 粪壳亚纲 Sordariomycetidae 炭角菌目 Xylariales 亚赤丛壳科 Hyponectriaceae。

【病害症状】

感病叶片出现白色小斑点，常位于叶脉之间和叶缘处，后病斑扩大逐渐相连成片形成白色至灰白色枯斑，叶缘处的枯斑极易脱落，后期病斑上可产黑色小粒点，为病原菌的子囊壳。

病害症状

【病原主要形态特征】

➘ 显微特征

无性态：分生孢子器近球形、扁球形，初埋生于寄主表皮下，后外露突破寄主表皮，大小为 [(70.0~)100.0~230.0]μm×[(60.0~)100.0~190.0]μm；分生孢子梗较短；分生孢子椭圆形、梭形，大小为 [10.0~25.0(~27.5)]μm×[5.0~7.5(~12.5)]μm，单胞，无色。

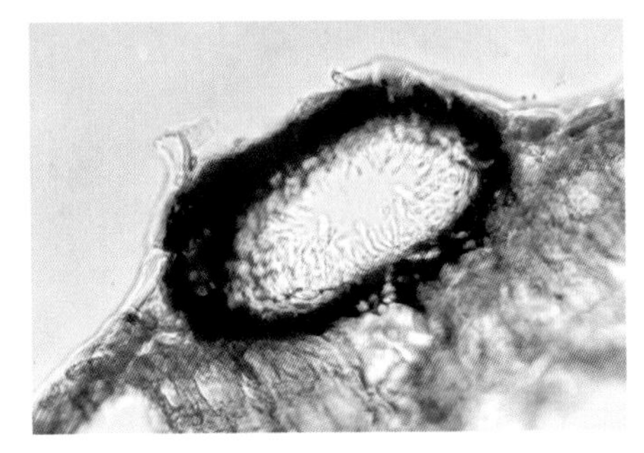

Macrophoma macrospora 的分生孢子器

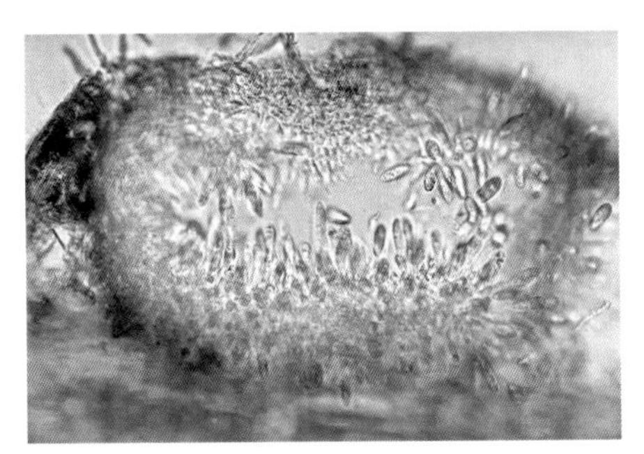

Macrophoma macrospora 的分生孢子器、分生孢子

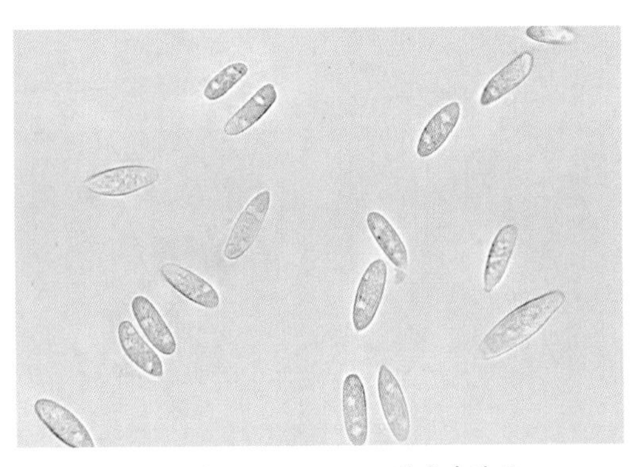

Macrophoma macrospora 的分生孢子

有性态：球形的子囊壳单生或群生，初埋生，成熟后突破表皮外露，大小为 [(85.0~)100.0~200.0]μm×(85.0~180.0)μm，暗色，具乳突状孔口或短颈，颈长 11.0~35.0μm。子囊棒状，大小为 (50.0~100.0)μm×(10.0~17.5)μm，无色。子囊孢子梭形、椭圆形或卵形，微弯，大小为 (12.5~22.5)μm×(4.5~8.0)μm，单胞，无色或淡黄色，有的具油球。

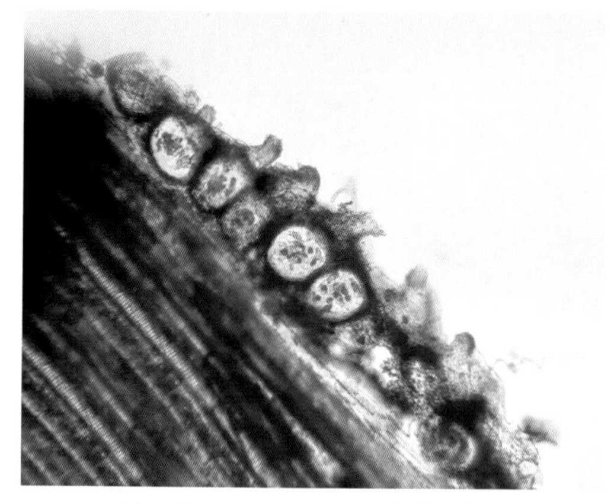

Physalospora juglandis 聚生的子囊壳

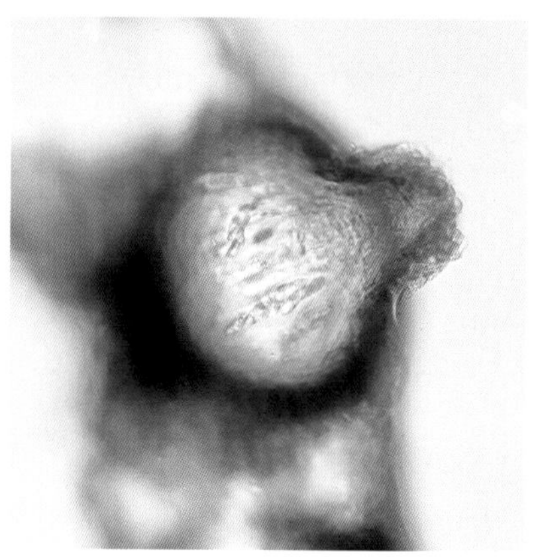

Physalospora juglandis 的子囊壳、子囊

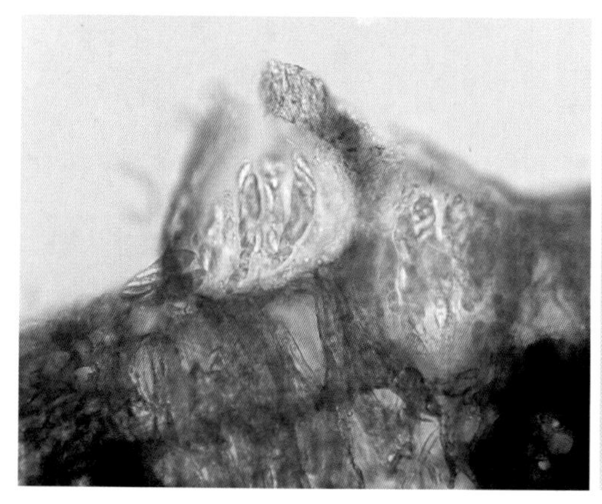

Physalospora juglandis 的子囊壳、子囊、子囊孢子

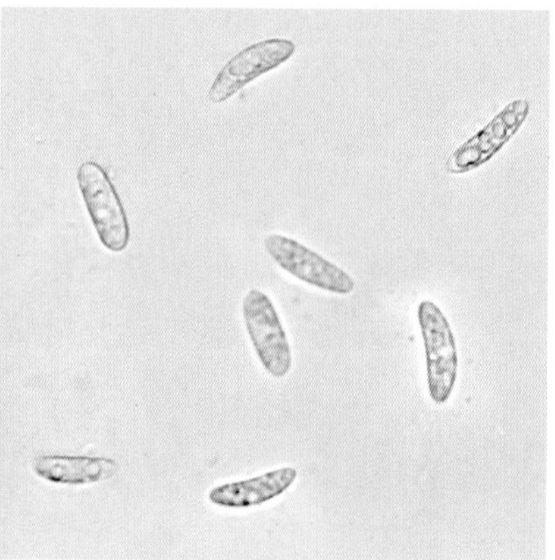

Physalospora juglandis 的子囊孢子

【病害发生发展规律】

病原菌以菌丝体和子囊壳在病残体中越冬。翌年春，气温回升、大量降雨时，子囊孢子成熟并传播侵染。夏秋季节，分生孢子器可溢出粉红色的分生孢子角，分生孢子随风雨传播进行多次再侵染。潮湿的环境有利于该病的发生，管理粗放、树势弱的核桃园发病较严重。

壳二孢属之一种

Ascochyta sp.

壳二孢属 *Ascochyta* Lib. 隶属于有丝分裂孢子类群 Mitosporic Fungi，产分生孢子器的腔孢菌。

【病害症状】

感病叶片出现初为浅褐色的圆形、不规则形斑点，渐相连成片，后变成灰白色，且干枯、易脱落。后期枯斑上出现的黑色小点状物，为病原菌的分生孢子器。

病害症状

【病原主要形态特征】

显微特征

分生孢子器球形、近球形，大小为 [(80.0~)120.0~200.0(~250.0)]μm×[(70.0~)90.0~150.0(~200.0)]μm，褐色，具孔口。内壁芽生瓶体式（eb-ph）产孢。分生孢子椭圆形、圆柱形、梭形，大小为 [(10.0~)12.5~20.0(~22.5)]μm×[2.5~5.0(~7.5)]μm，单胞或双胞，极少数为三胞，分隔处无缢缩，无色。

Ascochyta sp. 的分生孢子器

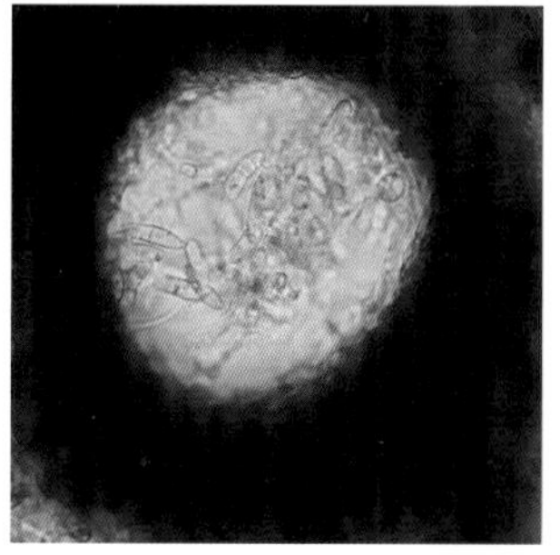

Ascochyta sp.
的分生孢子器、分生孢子

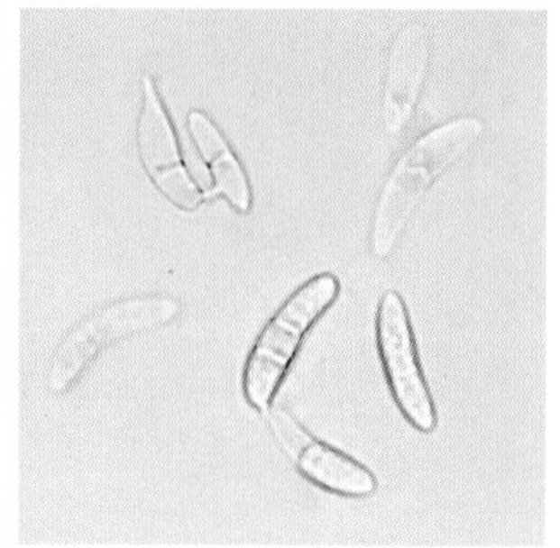

Ascochyta sp. 的分生孢子

培养性状

菌落灰白色，绒状，表面产黑色小突起，为病原菌的分生孢子器；菌落背面呈褐色，具黑色斑点；培养基平板不变色。

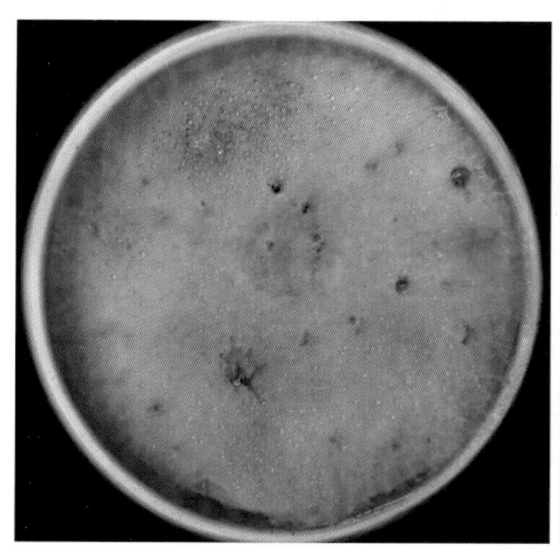

菌落

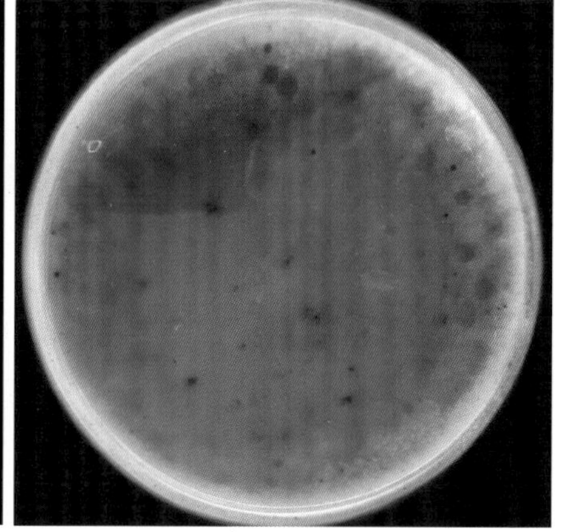

菌落背面

【病害发生发展规律】

病原菌以菌丝体或分生孢子器在病残体上越冬。翌年春，分生孢子成熟，气候湿润时，借风雨传播，常由气孔或伤口处侵入，且在整个生长季均可重复侵染蔓延，频繁降雨的年份发病较重。

壳梭孢属之一种

Fusicoccum sp.

壳梭孢属 *Fusicoccum* Corda 隶属于有丝分裂孢子类群 Mitosporic Fungi，产分生孢子器的腔孢菌。

【病害症状】

感病叶片初期部分退绿，出现圆形、近圆形至不规则形黑斑，可相连成片，渐变灰褐色、灰白色，病健交界处明显。较大病斑可致叶尖、叶缘枯萎，其上表生黑色小粒点，为病原菌的子座和分生孢子器。

病害症状

【病原主要形态特征】

显微特征

分生孢子器埋生于子座中，半圆形至球形，有的呈不规则形，大小为[130.0~700.0(~850.0)]μm×[(50.0~)70.0~250.0(~550.0)]μm；分生孢子梭形，大小为(4.5~11.0)μm×(2.0~4.0)μm，单胞，无色，多数两端可见油球。

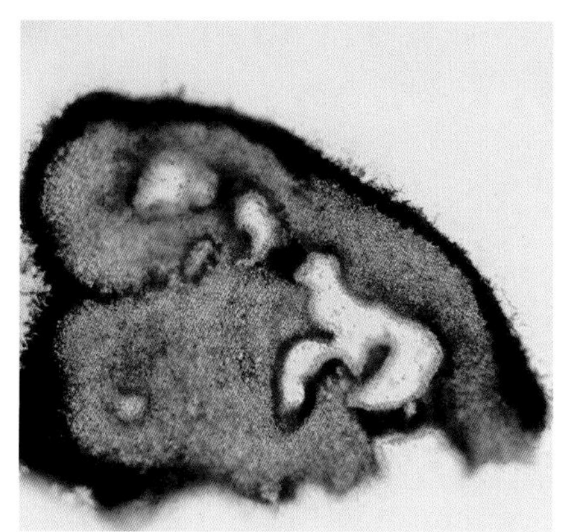

Fusicoccum sp.
的子座、分生孢子器（产于培养基平板）

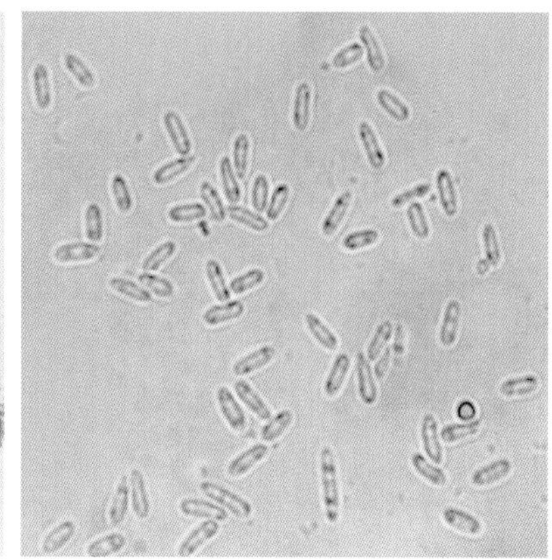

Fusicoccum sp. 的分生孢子

培养性状

菌落白色，绒状，后期表面可见黑色颗粒突起物，为病原菌的子座、分生孢子器，有时可溢出乳黄色黏液状分生孢子堆；菌落背面从内而外渐呈浅褐色，具黑色斑点；培养基平板不变色。

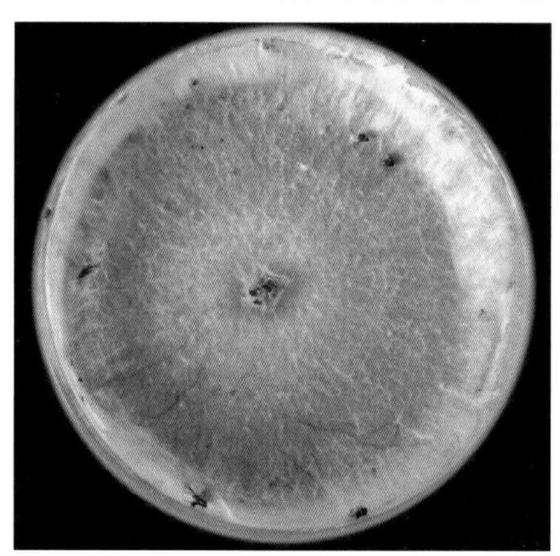

菌落

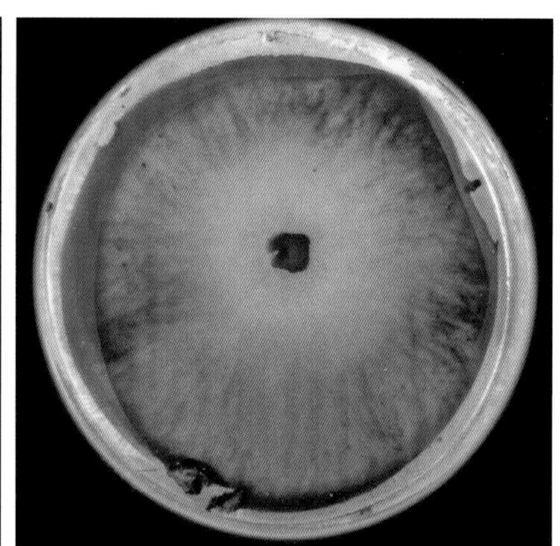

菌落背面

【病害发生发展规律】

病原菌以菌丝体和子座在病残体上越冬，次年春，分生孢子成熟借风雨传播，侵染。主要危害枝条，叶片、果实也可受害。

链格孢

Alternaria alternata (Fr.) Keissl.

链格孢属 *Alternaria* Nees 隶属于有丝分裂孢子类群 Mitosporic Fungi，暗色丝孢菌。

【病害症状】

感病叶片可见圆形、长形或不规则形的病斑，中央呈褐色，病健交界处明显，病斑可相连成片。后期，病斑上产生黑褐色霉状物，为病原菌的分生孢子梗和分生孢子堆，发病严重时，病叶可大面积枯死。

病害症状

【病原主要形态特征】

➘ 显微特征

分生孢子梗多单生或少数簇生，直立或略弯曲，暗色，有隔膜，基部略膨大，内壁芽生孔出式（eb-tret）产孢。分生孢子多数为倒棒形，少数为卵形或近椭圆形，顶端常具喙，喙长 (5.0~)10.0~32.0μm，多胞，砖隔孢型，即具纵横分隔，浅褐色至褐色，孢子常串生成链。分生孢子的长宽差别较大，一类短而宽，大小为 (15.0~23.0)μm×(9.0~16.0)μm；另一类较细长，大小为 [15.0~32.5(~42.5)]μm×[(7.5~)9.0~12.5(~14.0)]μm。

Alternaria alternata 的分生孢子梗

Alternaria alternata 的分生孢子

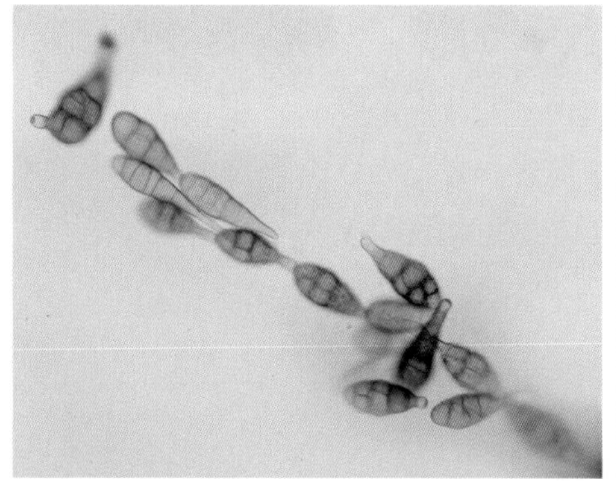

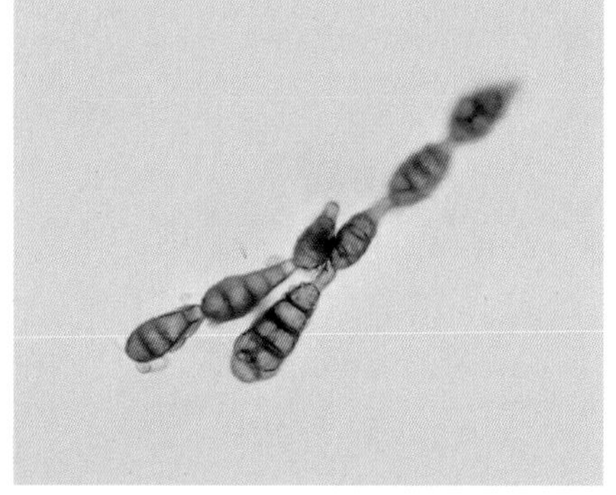

Alternaria alternata 串生的分生孢子

↘ 培养性状

菌落绒状，褐色至深褐色，具环纹或不具环纹，后期表生黑色点状物，为病原菌的分生孢子梗和分生孢子堆；菌落背面褐色至黑褐色，具环纹或不具环纹。培养基平板渐变浅褐色。

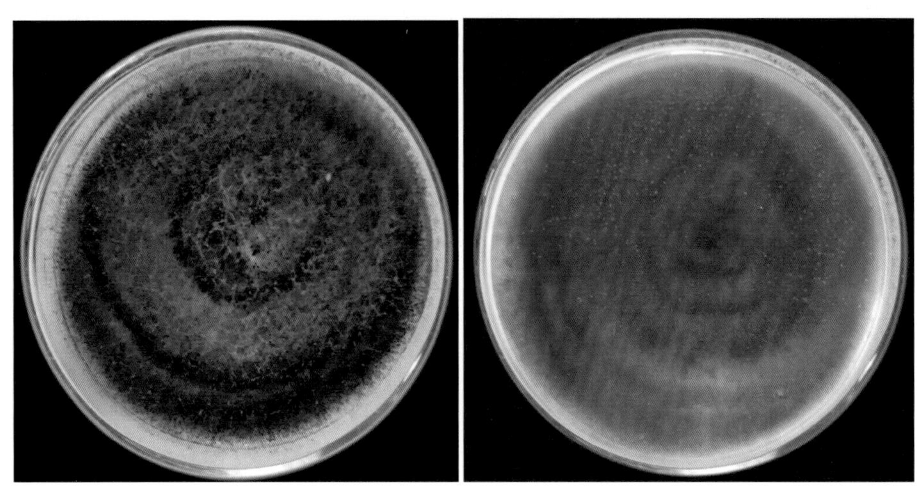

菌落　　　　菌落背面

【病害发生发展规律】

病原菌的菌丝体在落叶上或越冬芽内越冬。分生孢子作为初侵染源借风雨传播，从植株的伤口侵入。高温高湿是病害发生的主导因素，夏秋多雨的地区或年份发病较重；同一核桃园内地势低洼积水，偏施氮肥，通风透光较差的地块发病较重。

黑附球菌

Epicoccum nigrum Link

附球菌属 *Epicoccum* Link 隶属于有丝分裂孢子类群 Mitosporic Fungi，暗色丝孢菌。

【病害症状】

感病初期，叶片退绿，出现紫色、黑紫色的点状或条状斑块，后病斑渐变白色、灰白色，逐渐干枯死亡，后期在病斑上出现黑褐色粒状物，为分生孢子座。

病害症状

【病原主要形态特征】

显微特征

垫状的分生孢子座表生于病组织，大小为 (75.0~225.0)μm×(30.0~150.0)μm，黑褐色，其上部可见紧密排列的分生孢子梗，不分枝，大小为 (7.5~10.0)μm×(5.0~7.5)μm，无色或淡色，全壁芽生单生式（hb-sol）产孢，产孢细胞近圆柱形，无色。分生孢子多近球形，大小为 [(10.0~)12.5~25.0(~27.5)]μm×[(9.0~)12.5~24.0]μm，多胞，具纵横隔（砖隔孢型），褐色至黑褐色，表面具疣突。

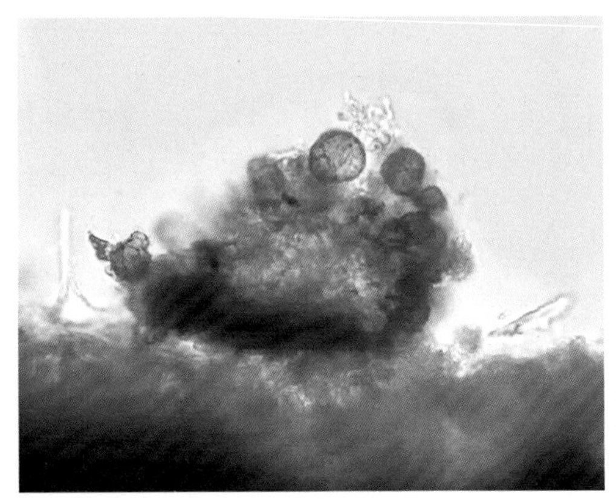

Epicoccum nigrum
自然基质上所产的分生孢子座、分生孢子

Epicoccum nigrum
的分生孢子座、分生孢子（产于PDA平板）

Epicoccum nigrum 的产孢细胞、分生孢子

Epicoccum nigrum 的分生孢子

培养性状

菌落绒状，初为白色，后显橘黄色，边缘不整齐，呈波状，表面产黑色点状物，为病原菌的分生孢子座；菌落背面黄褐色，有黑色斑点；培养基平板变为浅橘黄色。

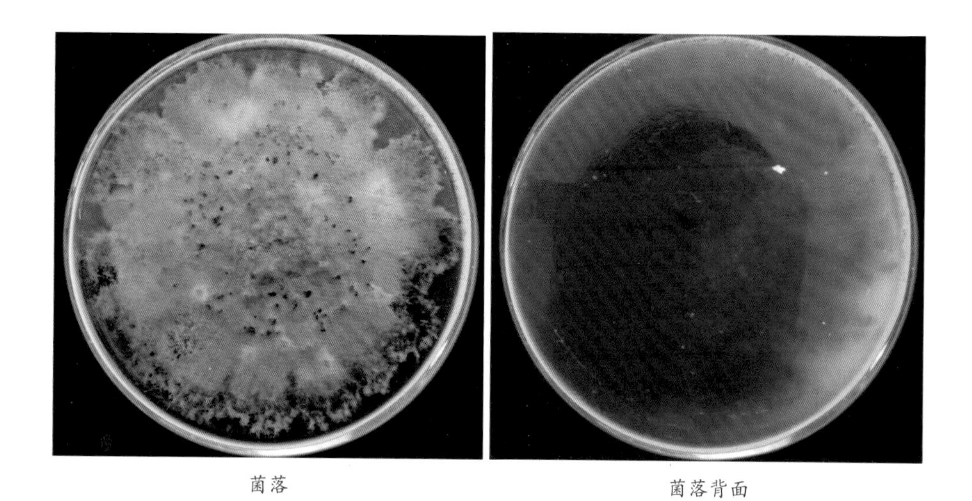

菌落　　菌落背面

【病害发生发展规律】

据报道，黑附球菌可引起不同寄主植物的叶斑病，也常出现在其他真菌危害所引起的叶斑上。但核桃上未见报道，其发病规律有待研究。

Cordella sp.

Cordella Speg. 隶属于有丝分裂孢子类群 Mitosporic Fungi，暗色丝孢菌。

【病害症状】

感病叶片出现浅褐色点状、条状斑，严重时可大面积卷曲、干枯，后期可见不明显点状物，为病原菌的分生孢子堆。

病害症状

【病原主要形态特征】

显微特征

分生孢子梗有隔，分枝，无色。分生孢子单生，正面观呈球形、近球形，侧面看呈双凸镜状，且中央具一条无色狭缝，孢子大小为 (7.0~9.0)μm×(4.5~8.0)μm，单胞，褐色，壁平滑。

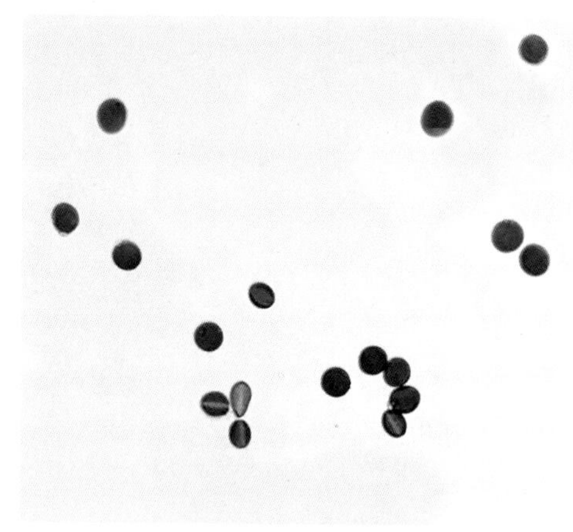

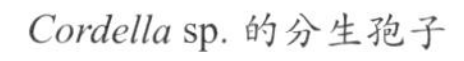

Cordella sp. 的分生孢子

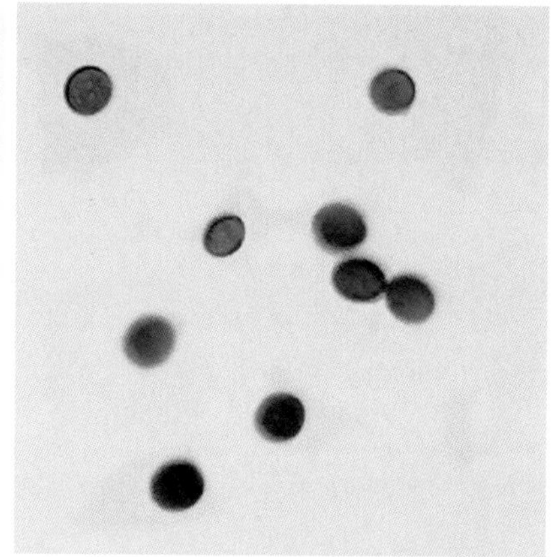

Cordella sp. 的分生孢子（正面观）

➘ 培养性状

菌落绒状，烟灰色，后表生黑色小粒点，为病原菌的分生孢子堆；菌落背面呈浅褐色，具褐色斑点；培养基平板不变色。

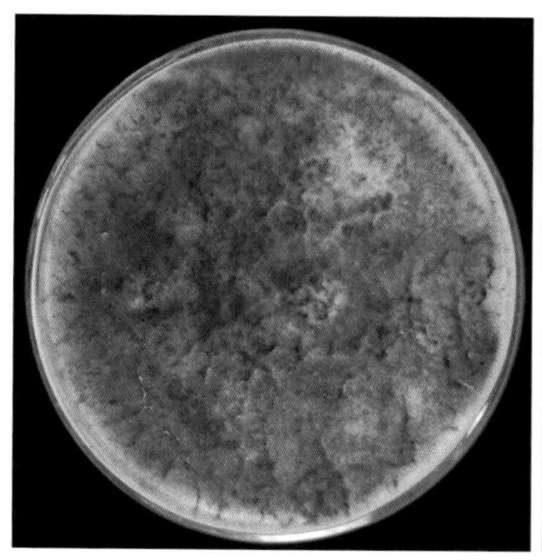

菌落

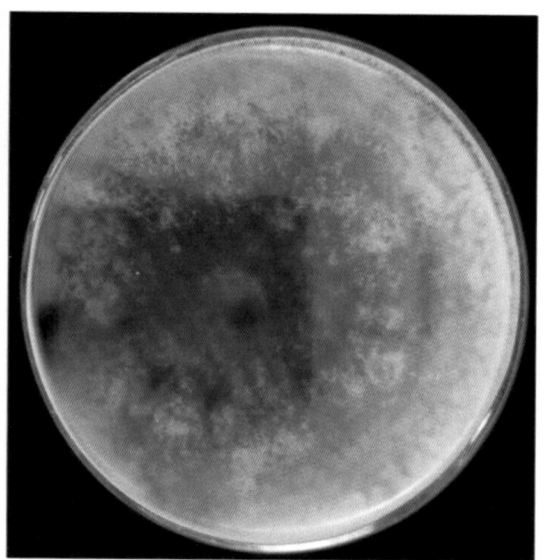

菌落背面

叶斑病

胡桃叶点霉

Phyllosticta juglandis (DC.) Sacc.

叶点霉属 *Phyllosticta* Pers. 隶属于有丝分裂孢子类群 Mitosporic Fungi，产生分生孢子器的腔孢菌。

【病害症状】

初期在叶表面出现针尖大小的灰白色圆形斑点，后逐渐扩展成 3 ～ 8mm 的圆形、近圆形或梭形病斑，有时病斑会相连成片。病斑颜色从中央向边缘逐渐变深，呈灰白色、褐色至黑色。后期病斑干枯，其上生出黑色的小粒点，为病原菌的分生孢子器。

病害症状

【病原主要形态特征】

↘ 显微特征

分生孢子器初埋生于病组织，后突破表皮外露，近球形、扁球形，大小为 [(50.0~)63.0~176.0(~250.0)]μm×[(40.0~)60.0~100.0]μm，在 PDA 培养基上所产孢子器较大，可达 [80.0~300.0(~440.0)]μm×[60.0~200.0(~340.0)]μm。分生孢子卵圆形、宽椭圆形，大小为 [2.5~6.0(~8.0)]μm×(2.0~4.0)μm，单胞，无色，有的具油球。

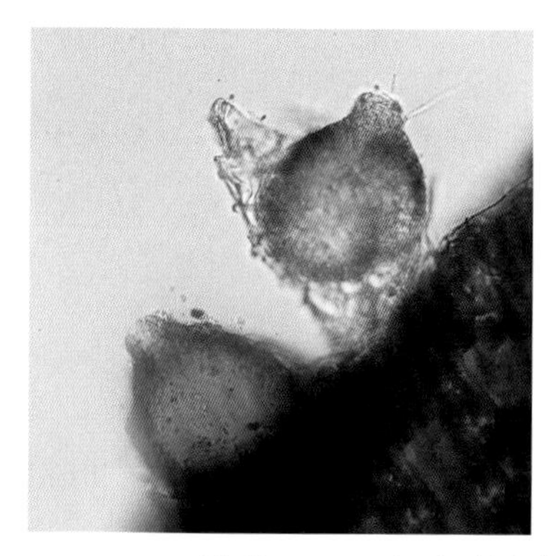
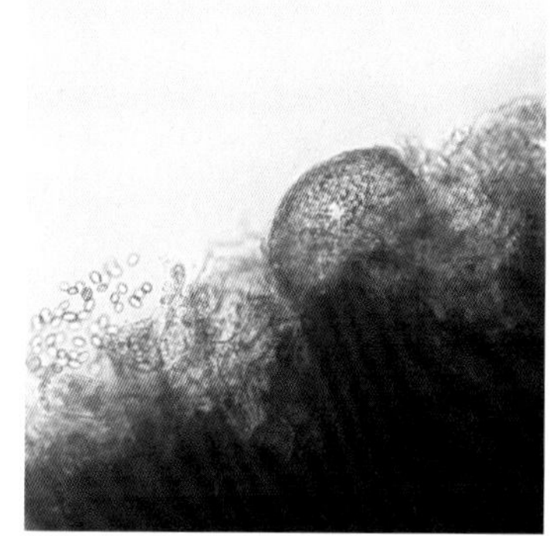

Phyllosticta juglandis 的分生孢子器和溢出的分生孢子

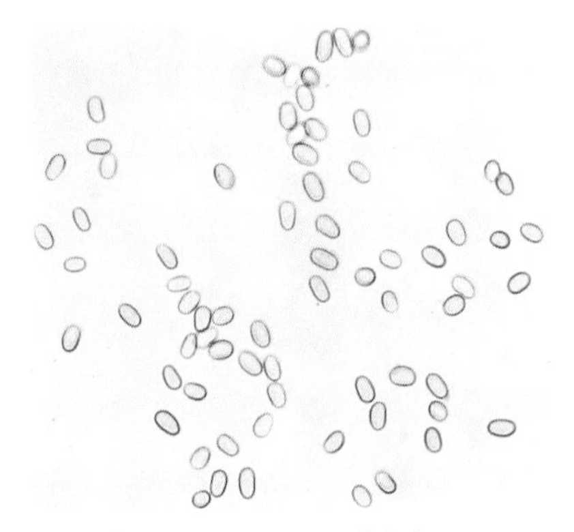

Phyllosticta juglandis 的分生孢子

↘ 培养性状

菌落呈灰白色、浅褐色至深褐色，绒状，后期可见肉红色或白色菌丝团，表面可产黑色点状物，为病原菌的分生孢子器，所溢出的透明液滴内有分生孢子；菌落背面呈褐色，具深褐色斑点；培养基平板变为褐色。

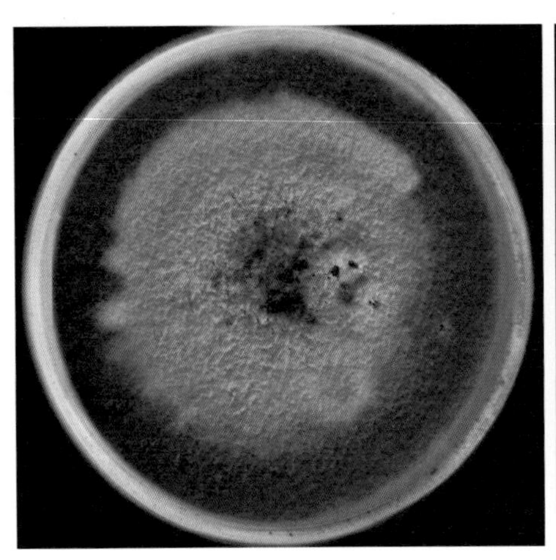
菌落

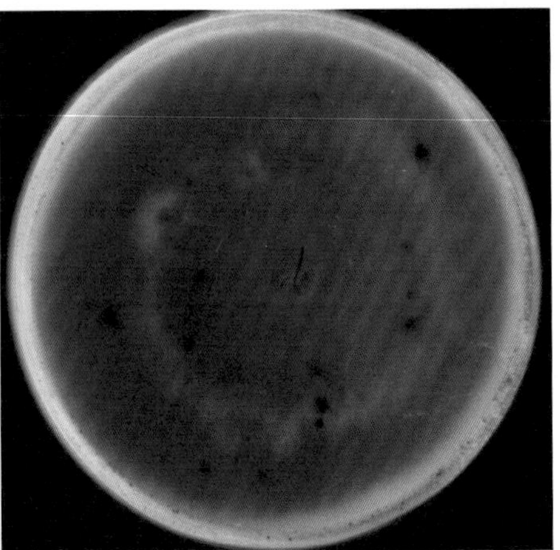
菌落背面

【病害发生发展规律】

病原菌以菌丝和分生孢子器在枝梢、枯叶上越冬。翌年春天，分生孢子产生并借风雨传播，侵染发病并蔓延，分生孢子可重复产生并再侵染。雨季进入发病盛期，降雨多且早的年份发病重；管理粗放、枝叶过密、树势衰弱的核桃园易发病。

胡桃盘二孢

Marssonina juglandis（Lib.) Magn.

盘二孢属 *Marssonina* Magnus 隶属于有丝分裂孢子类群 Mitosporic Fungi，产分生孢子盘的腔孢菌。

【病害症状】

感病叶片退绿并出现灰色或褐色圆形至不规则形病斑，发病重的叶片病斑相连成片，甚至叶片枯焦、提早落叶。后期病斑上生出黑色小点，即病原菌的分生孢子盘。嫩梢染病，可见黑褐色长椭圆形病斑，略凹陷。

病害症状

【病原主要形态特征】

➘ 显微特征

分生孢子盘初埋生于寄主表皮下，后外露，直径为(35.0~)60.0~203.0μm，2～3个相连时长度可达760.0μm，分生孢子梗短，紧密排列于盘内；分生孢子镰刀形、宽椭圆形，大小为[12.5~27.5(~31.0)]μm×[(3.0~)5.0~7.5]μm，双胞，无色，上部细胞至端部略尖，且弯如钩状，内有油球。

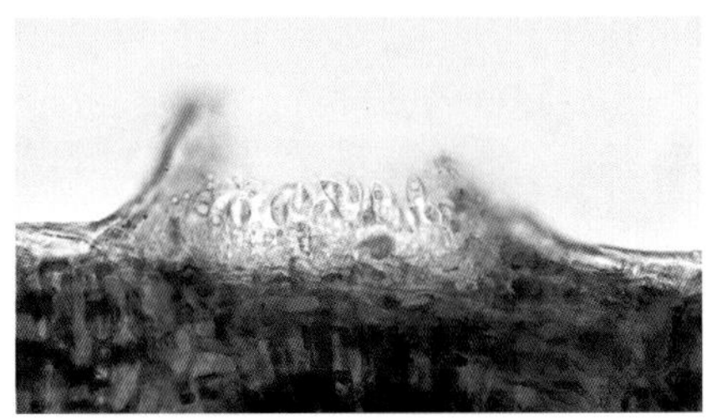

Marssonina juglandis 的分生孢子盘

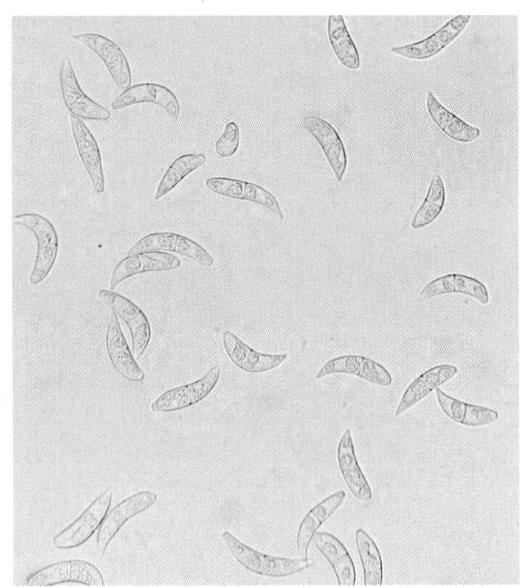

Marssonina juglandis 的分生孢子

【病害发生发展规律】

病原菌以菌丝、分生孢子盘在病叶或病梢上越冬，翌年春，分生孢子借风雨传播，从叶片侵入，发病后病部又形成分生孢子进行多次再侵染，7～9月进入发病盛期，雨水多、高温高湿条件有利于该病的流行。

胡桃拟茎点霉

Phomopsis juglandis (Sacc.) Traverso（无性态）

间座壳属之一种

Diaporthe sp.（有性态）

拟茎点霉属 *Phomopsis* (Sacc.)Bubak. 隶属于有丝分裂孢子类群 Mitosporic Fungi，产分生孢子器的腔孢菌。

间座壳属 *Diaporthe* Nitschke 隶属于子囊菌门 Ascomycota 子囊菌纲 Ascomycetes 粪壳亚纲 Sordariomycetidae 间座壳目 Diaporthalles 黑腐皮壳科 Valsaceae。

【病害症状】

感病叶片退绿明显，出现圆形、长形、不规则形的褐色病斑；病斑逐渐扩展，相连成片，后期渐呈浅褐色。

病害症状

【病原主要形态特征】

显微特征

无性态：子座内埋生暗色的分生孢子器，球形、半球形、不规则形，大小为 [(90.0~)110.0~407.0]μm×[(50.0~)101.0~200.0]μm，在 PDA 培养基上，最大可达 800.0μm。具两型分生孢子：β 型孢子线形，大小为 [(12.5~)19.0~30.0]μm×(0.5~1.0)μm，直或一端钩状；α 型孢子梭形，大小为 (2.5~5.5)μm×(2.0~4.0)μm。两型孢子均为单胞，无色。

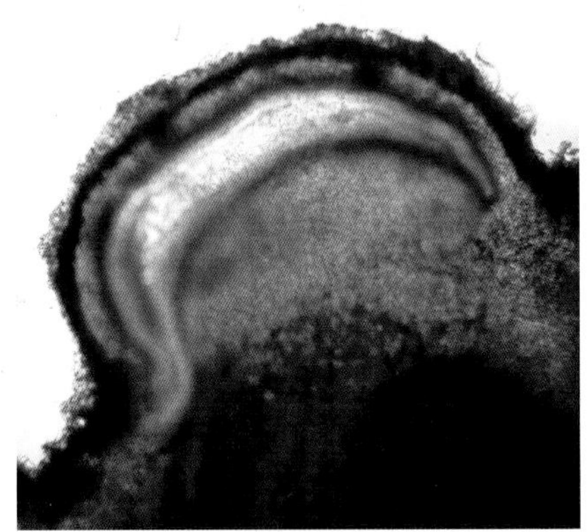

Phomopsis juglandis 的子座、分生孢子器（产于 PDA 平板）

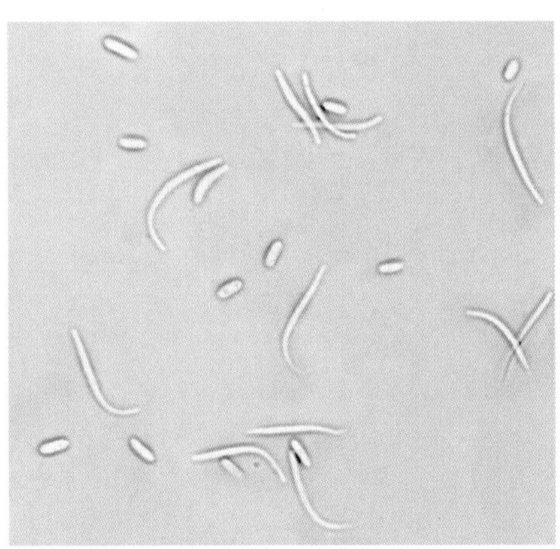

Phomopsis juglandis 的分生孢子

有性态：子囊壳大小为 [(80.0~)150.0~330.0]μm×(80.0~230.0)μm，具长颈，颈长 110.0~400.0μm。子囊棒状，大小为 (22.5~45.0)μm×(5.0~10.0)μm，无色。子囊孢子梭形，大小为 (5.0~12.0)μm×(2.5~5.0)μm，双胞，无色，内含油滴。

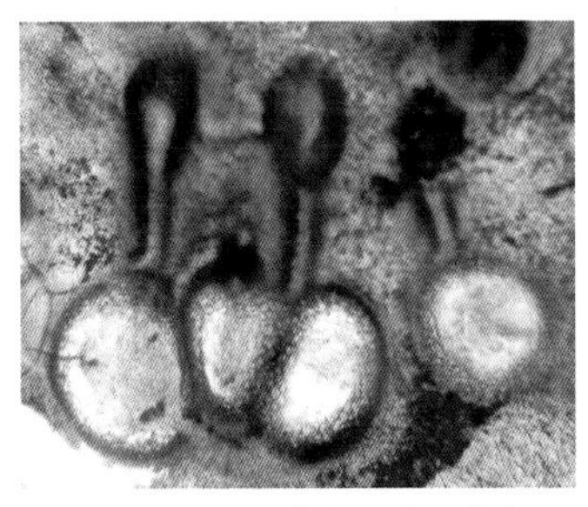

Diaporthe sp. 的具颈的子囊壳

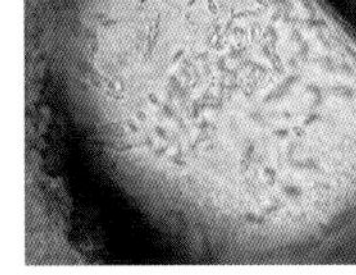

Diaporthe sp. 的子囊壳局部、子囊

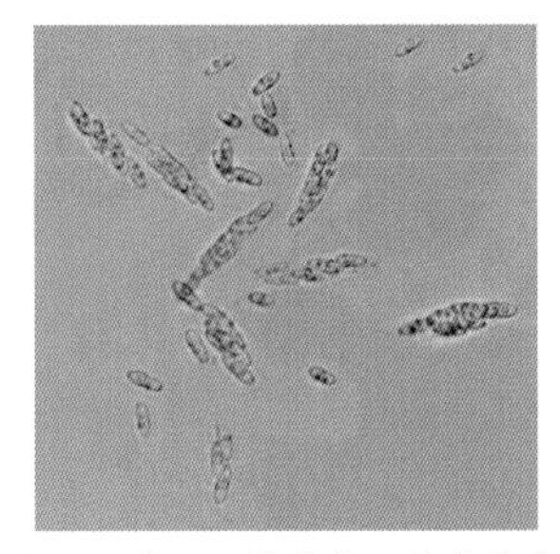

Diaporthe sp. 的子囊、子囊孢子

➘ 培养性状

菌落白色，垫状，有的可产浅黄色的色素，后期可见黑色颗粒状突起物，为病原菌的子座、分生孢子器，可溢出乳白至浅黄色的分生孢子堆；菌落背面浅褐色，具不明显的环纹，有黑色斑点；培养基平板不变色。产有性态时，菌落表面的黑色突起物为病原菌的子座和子囊壳。

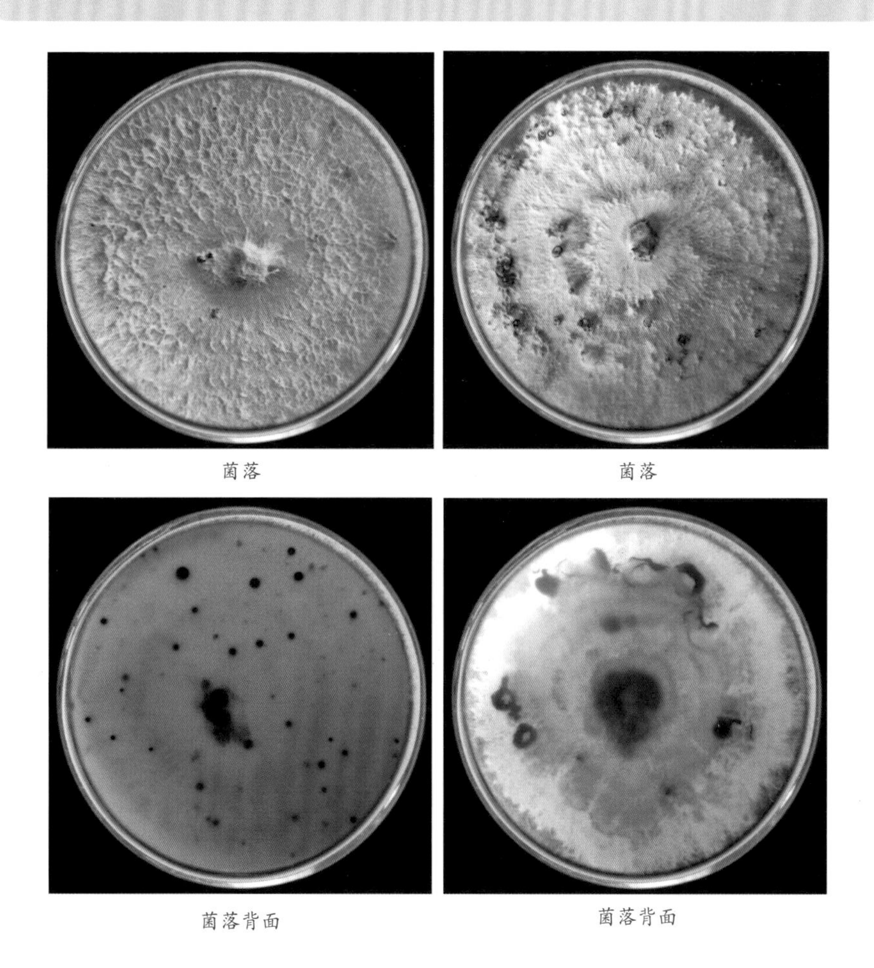

菌落　　菌落

菌落背面　　菌落背面

【病害发生发展规律】

病原菌以子座、分生孢子器和子囊壳在病组织内越冬。次年春季条件适宜时，子囊孢子和分生孢子成熟，并借风雨传播，从叶片、果实的自然孔口或受伤组织侵入。生长季节，分生孢子可多次产生并重复侵染。病原菌主要危害枝条，叶片、果实也可受害。

岩高兰鞘茎点霉

Coleophoma empetri (Rostr.) Petr.

鞘茎点霉属 *Coleophoma* Hohn 隶属于有丝分裂孢子类群 Mitosporic Fungi，产分生孢子器的腔孢菌。

【病害症状】

感病初期，叶面出现圆形、近圆形和不规则形深褐色斑点，斑点周围组织局部退绿，后病斑扩展，部分可相连成片，病斑边缘深褐色，中央变灰白色至浅褐色，病症不明显。

病害症状

【病原主要形态特征】

显微特征

分生孢子器球形，近球形，暗色，大小为 (100.0~250.0)μm×(80.0~190.0)μm，具孔口。分生孢子梗圆柱形，常限于孢子器内壁的底部，无色，内壁芽生瓶体式（eb-ph）产孢。分生孢子柱形，直或少数微弯，先端钝，而基部略尖，大小为 (12.5~20.0)μm×(2.0~3.0)μm，单胞，无色。

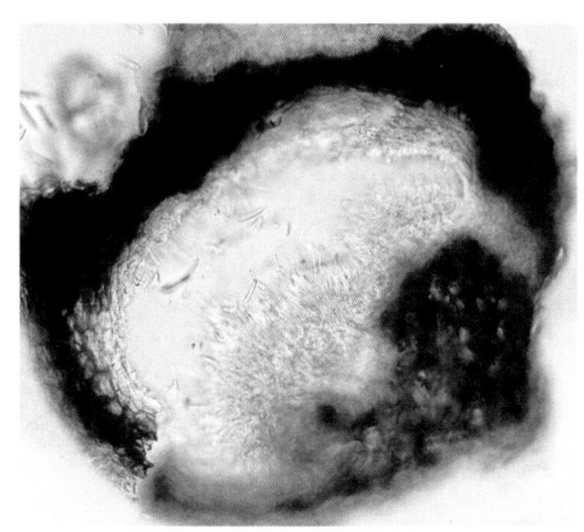

Coleophoma empetri 的分生孢子器、分生孢子梗和分生孢子

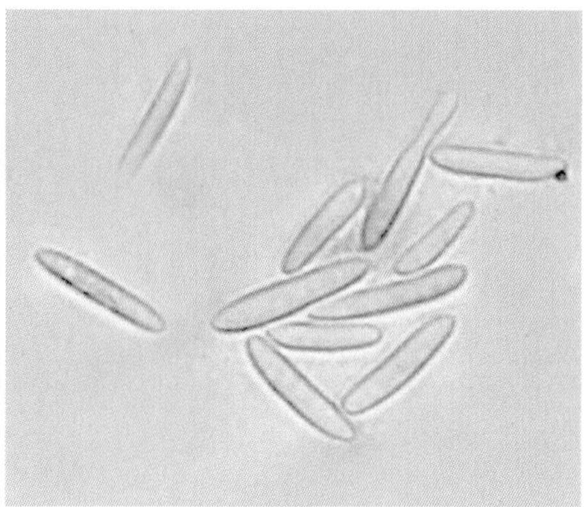

Coleophoma empetri 的分生孢子

培养性状

菌落白色，绒状，较薄，有较宽的环带，表面具暗色小颗粒，为病原菌的分生孢子器；菌落背面浅黄色，也具环带；培养基平板不变色。

菌落

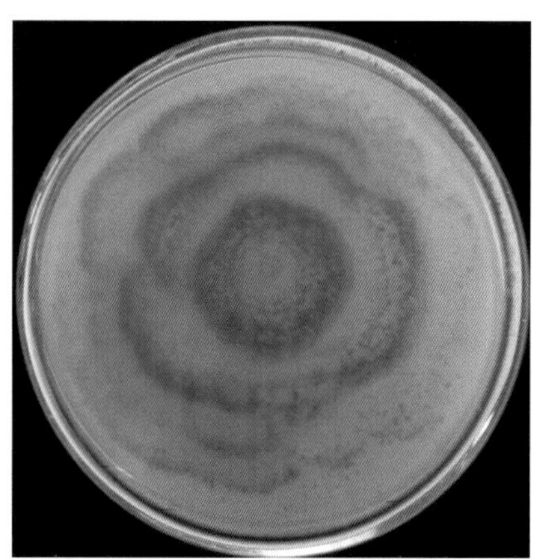

菌落背面

【病害发生发展规律】

据报道，该菌寄生于多种木本植物，且分布较广，但核桃上未见报道，发病规律有待研究。

线黑盘孢属之一种

Leptomelanconium sp.

线黑盘孢属 *Leptomelanconium* Petr. 隶属于有丝分裂孢子类群 Mitosporic Fungi，产分生孢子盘的腔孢菌。

【病害症状】

感病叶片局部退绿，生有许多大小不一的病斑，呈灰黑色、灰白色、浅褐色。病症不明显。

病害症状

【病原主要形态特征】

➘ 显微特征

分生孢子盘散生，初生于寄主表皮下，后突破寄主表皮外露，直径为 93.0~170.0μm，有的可相连。分生孢子梗大小为 (7.5~10.0)μm×(1.0~2.5)μm，无色，全壁芽生环痕式 (hb-ann) 产孢。分生孢子椭圆形、宽椭圆形，大小为 (14.0~16.0)μm×(7.5~10.0)μm，基部平截，多为单胞，暗色，厚壁，表面具疣突。

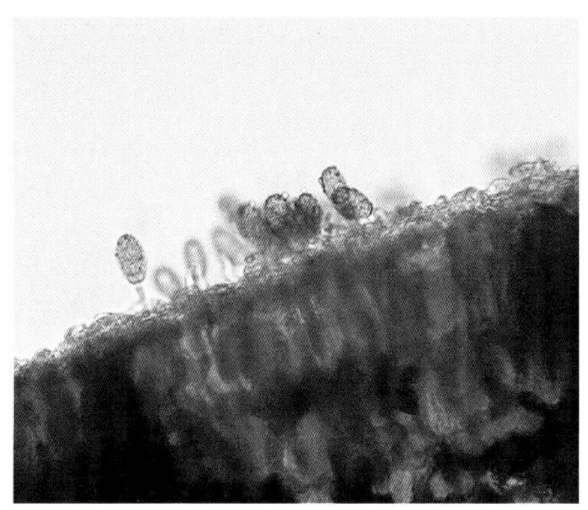
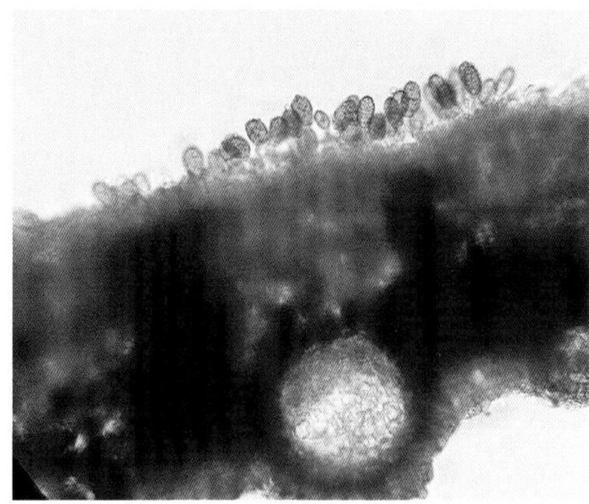

Leptomelanconium sp. 的分生孢子盘、分生孢子

【病害发生发展规律】

据报道，线黑盘孢属的几个种可引起植物病害，主要是叶枯病，但核桃上从未见报道，其发病规律有待研究。

拟三毛孢属之一种

Pseudorobillarda sp.

拟三毛孢属 *Pseudorobillarda* Nag Raj，Morgan-Jones et.W.B.Kendr. 隶属于有丝分裂孢子类群 Mitosporic Fungi，产分生孢子器的腔孢菌。

【病害症状】

感病叶片初期出现针尖大小的黑色至褐色小斑点，斑点周围组织退绿成浅黄绿色，随病斑的扩大，颜色从中心部位向外渐变灰白色，在叶面可见圆形、不规则形的灰白色病斑，病健交界处明显，后期枯斑上出现黑色点状物，为病原菌的分生孢子器。

病害症状

【病原主要形态特征】

➘ 显微特征

分生孢子器埋生于寄主表皮下，后突破外露，球形、近球形，大小为(100.0~150.0)μm×(88.0~138.0)μm，暗色。分生孢子梗整齐排列于器内壁，较短，有隔，无色。分生孢子梭形、长椭圆形，大小为(12.5~15.0)μm×(2.5~3.0)μm，无色，双胞，分隔处有缢缩，顶生 3 根附属丝，长 14.0~20.0μm。

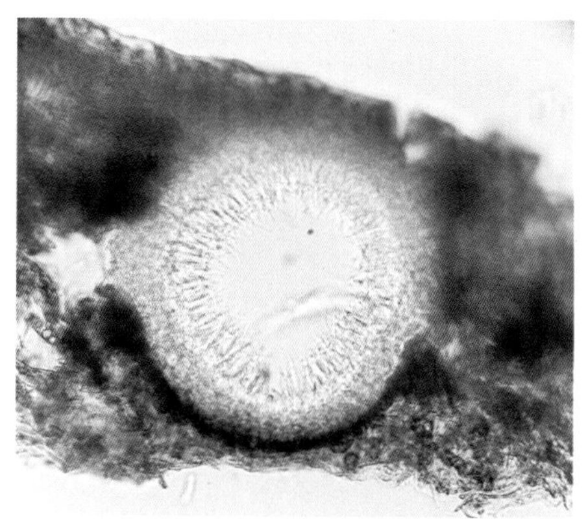

Pseudorobillarda sp. 的分生孢子器、分生孢子梗

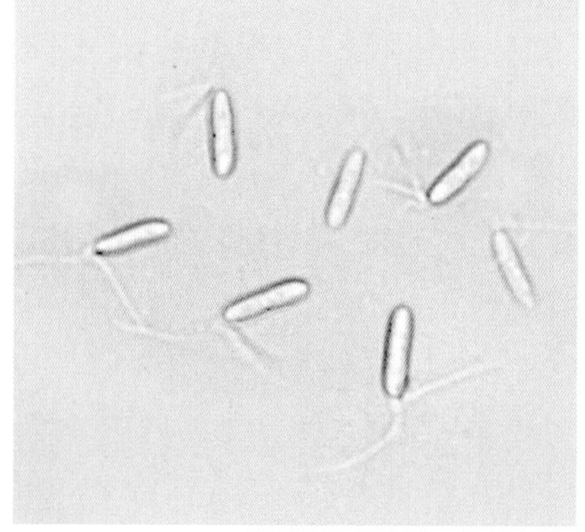

Pseudorobillarda sp. 的分生孢子（具附属丝）

黑孢霉属之一种

Nigrospora sp.

黑孢霉属 *Nigrospora* Zimm 隶属于有丝分裂孢子类群 Mitosporic Fungi 的暗色丝孢菌。

【病害症状】

病叶局部退绿，出现小圆斑、长梭形或不规则形的病斑，后期产生黑色小点，为病原菌的分生孢子堆。

病害症状

【病原主要形态特征】

➘ 显微特征

分生孢子梗无色至暗色，光滑。全壁芽生单生式（hb-sol）产孢。分生孢子顶生，球形、近球形、宽椭圆形，大小为 (12.5~15.0)μm×(7.5~12.5)μm，单胞，黄褐色至黑色，表面平滑。

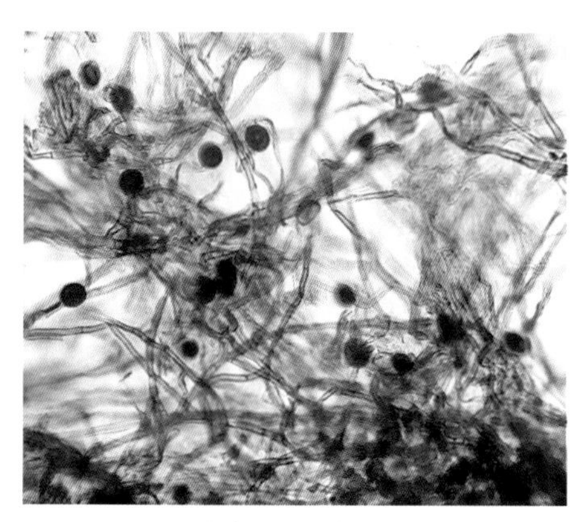

Nigrospora sp. 的菌丝、分生孢子梗、分生孢子

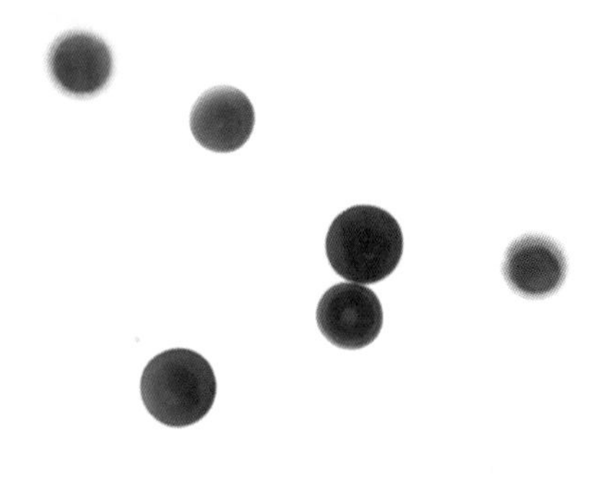

Nigrospora sp. 的分生孢子

培养性状

菌落绒状，灰白色，表面不平滑；菌落背面灰黑色，散生暗色斑点；培养基平板不变色。

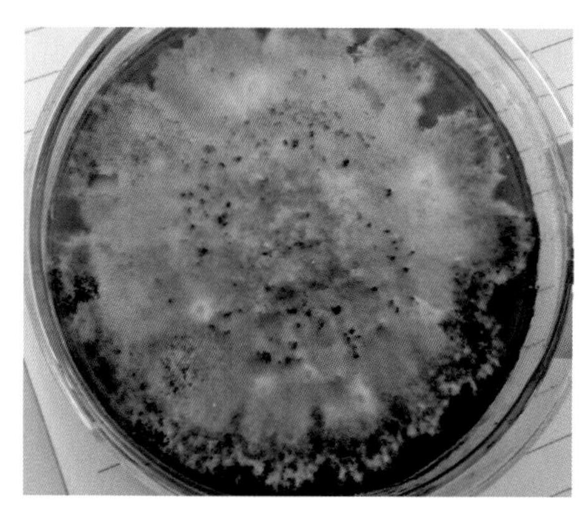

菌落

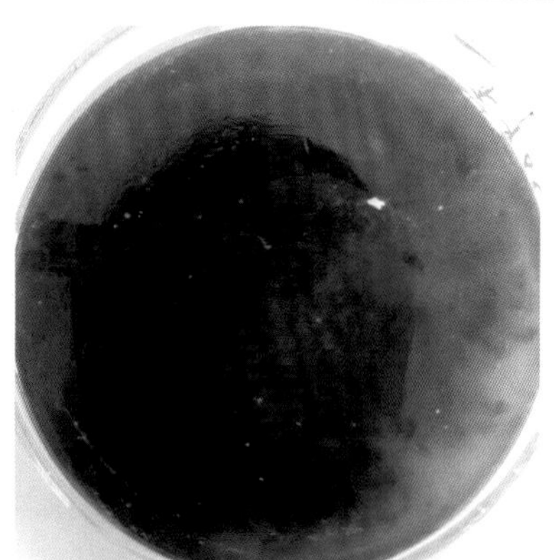

菌落背面

【病害发生发展规律】

病原菌以分生孢子和菌丝体在病残体上越冬。翌年春，分生孢子成熟，并借风雨传播入侵。温暖潮湿的天气有利于发病，夜间浓雾、降雨可造成病害严重发生。

格孢腔菌属之一种

Pleospora sp.

格孢腔菌属 *Pleospora* Fr. 隶属于子囊菌门 Ascomycota 子囊菌纲 Ascomyctes 粪壳亚纲 Sordriomycetidae 格孢腔菌目 Pleosporales 格孢腔菌科 Pleosporaceae。

【病害症状】

感病叶片叶面常退绿、变色，叶背颜色不变。叶两面均可见圆形或不规则形的褐色病斑。

病害症状

【病原主要形态特征】

显微特征

假囊壳球形、瓶形，大小为 [(190.0~)340.0~440.0]μm×[160.0~310.0(~400.0)]μm，暗色。子囊棒状、柱形，大小为 75.0μm×(10.0~12.5)μm，拟侧丝明显。子囊孢子卵圆形，大小为 (12.5~17.5)μm×(5.0~7.5)μm，多胞，砖隔孢型，黄褐色。

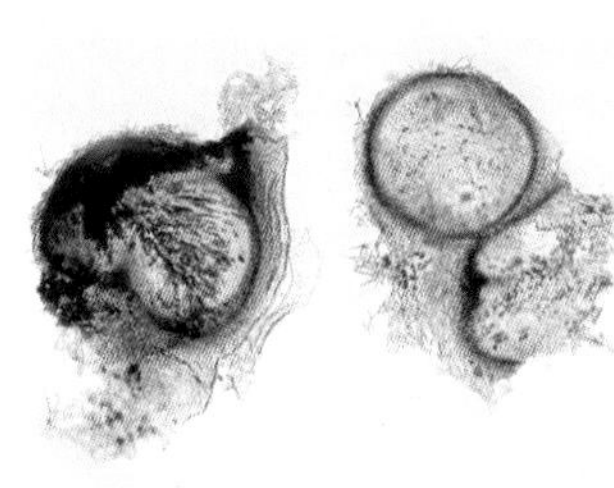

Pleospora sp. 的假囊壳

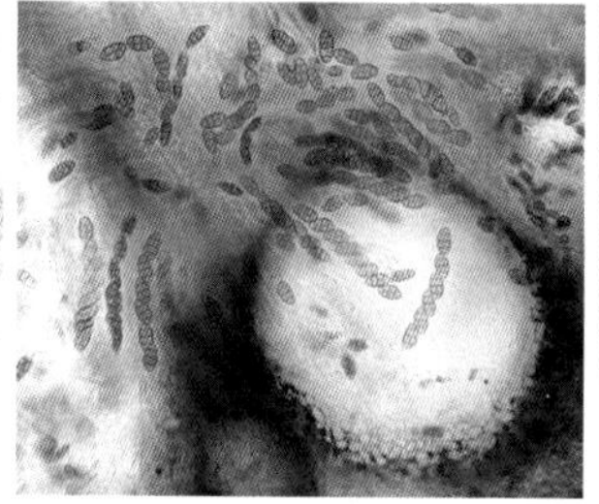

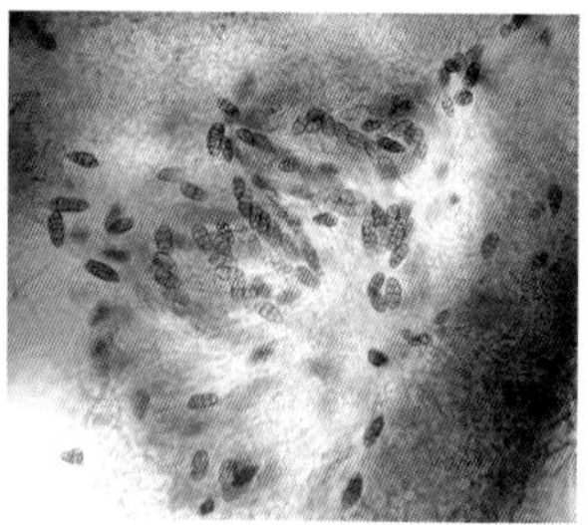

Pleospora sp. 的假囊壳、子囊、子囊孢子

培养性状

菌落白色，薄，平伏于培养基平板，后期表面产黑色小点，为假囊壳；菌落背面略呈浅黄色，具不明显环纹；培养基平板不变色。

菌落

菌落背面

【病害发生发展规律】

病原菌以假囊壳在病残体上越冬。翌年温湿度适宜时，子囊孢子成熟，经传播进行初侵染；而后产分生孢子通过风雨传播，进行再侵染。温暖潮湿，阴雨天及结露持续时间长是发病的重要条件。一般土壤肥力不足，植株长势弱的地块发病较重。

炭疽病

盘长孢状刺盘孢

Colletotrichum gloeosporioides Penz.（无性态）

围小丛壳

Glomerella cigulata (Stonem.) Spaulding et Schrenk（有性态）

刺盘孢属即炭疽菌属 *Colletotrichum* Corda 隶属于有丝分裂孢子类群 Mitosporic Fungi，产分生孢子盘的腔孢菌。

小丛壳属 *Glomerella* Spauld. et H. Schrenk 隶属于子囊菌门 Ascomycota 子囊菌纲 Ascomycetes 粪壳亚纲 Sordariomycetidae 小丛壳科 Glomerellaceae。

【病害症状】

叶片退绿渐变黄色，产生黄褐色至黑褐色的圆形病斑，可沿叶缘扩展，或沿主脉、侧脉呈长条状扩展，形成不规则形病斑，有的病斑上具环纹，病斑可干枯、脱落，其上所产的黑色点状物为病原菌的分生孢子盘及其有性态——子囊壳。生长季节，湿度大时分生孢子盘可溢出粉红色黏液状的分生孢子角。

病害症状

【病原主要形态特征】

↘ 显微特征

无性态：分生孢子盘散生，直径为(55.0~)90.0~240.0(~390.0)μm，黑褐色，有时盘内可见暗褐色刚毛。短小的分生孢子梗密生于盘内，圆柱形，大小为(12.0~25.0)μm×(3.0~4.0)μm，无色。分生孢子圆柱形、长椭圆形，大小为[(7.5~)10.0~18.0(~25.0)]μm×[2.5~5.0(~7.5)]μm，单胞，无色。

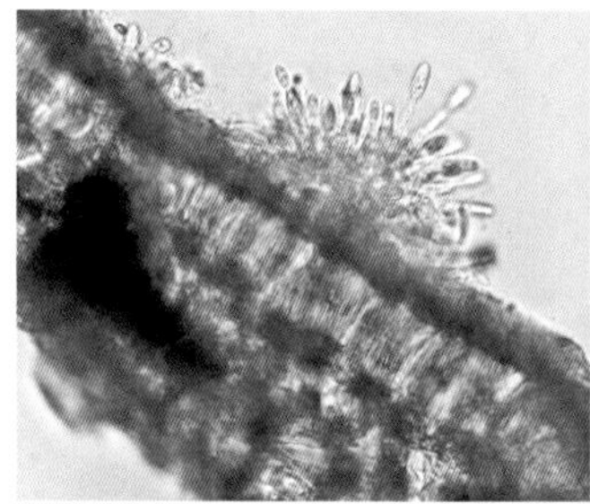

Colletotrichum gloeosporioides 的分生孢子盘、分生孢子梗、分生孢子

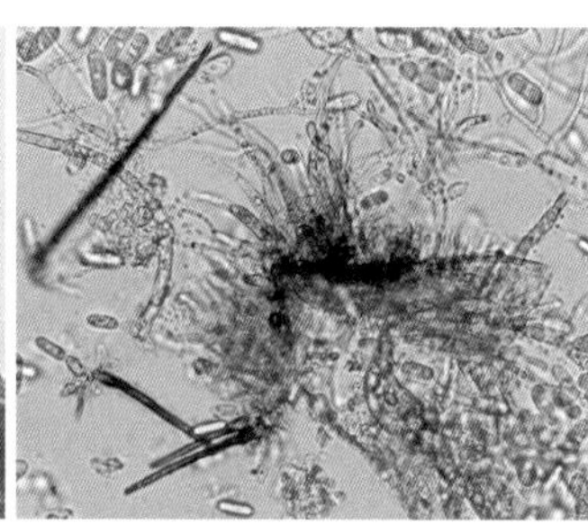

Colletotrichum gloeosporioides 的分生孢子盘、分生孢子梗、分生孢子和刚毛

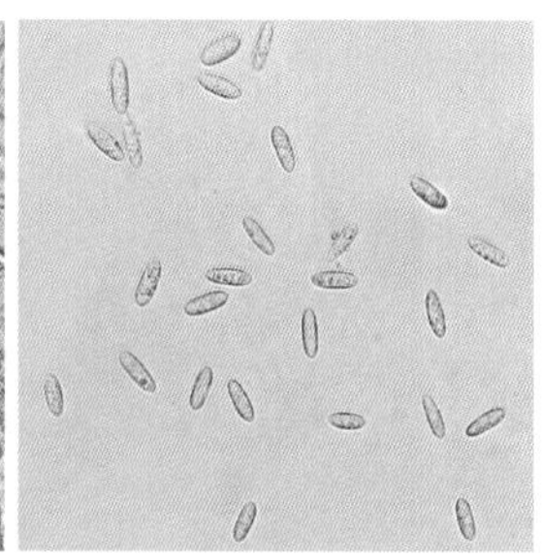

Colletotrichum gloeosporioides 的分生孢子

有性态：子囊壳球形、近球形、瓶形，大小为[80.0~230.0(~400.0)]μm×[70.0~200.0(~350.0)]μm，常聚生。子囊棍棒形，大小为(35.0~69.0)μm×(7.5~15.0)μm，无柄。子囊孢子椭圆形，大小为[(10.0~)12.0~19.0]μm×(2.5~7.5)μm，单胞，无色。

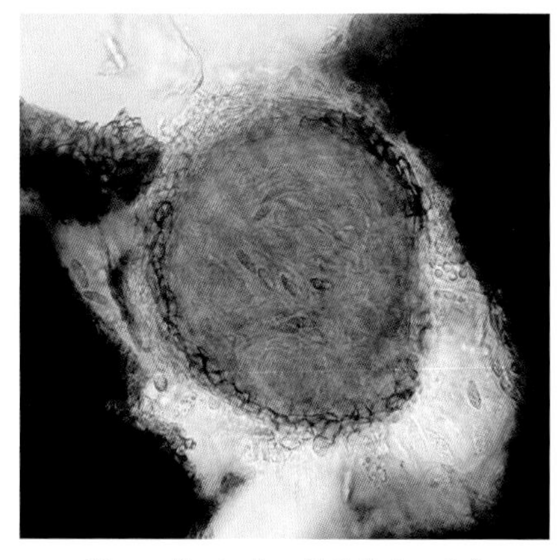

Glomerella cigulata 的子囊壳、子囊

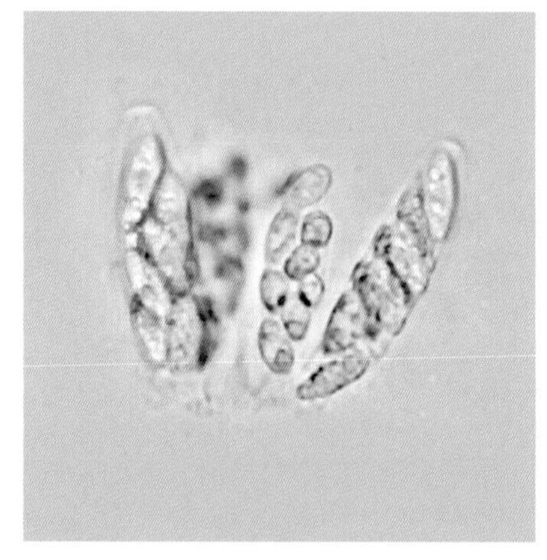

Glomerella cigulata 的子囊、子囊孢子

培养性状

菌落绒状，白色，后期表面有黑色突起物，为病原菌的分生孢子盘或子囊壳，有时可溢出粉红色分生孢子堆；菌落背面白色，具黑色斑点；培养基平板不变色。

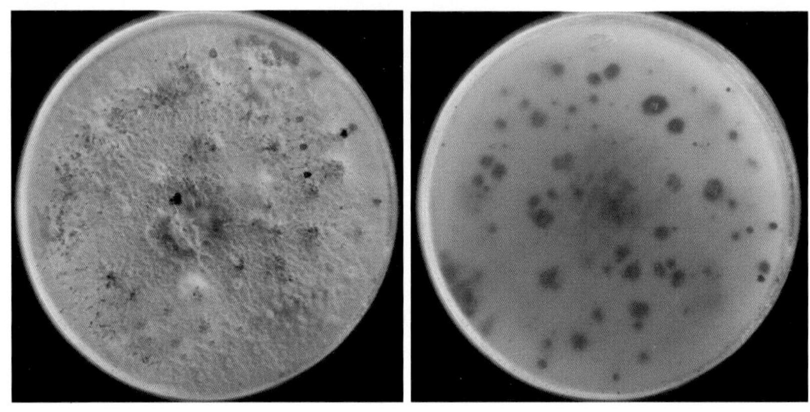

菌落　　菌落背面

【病害发生发展规律】

病原菌以分生孢子盘或子囊壳在病叶上越冬。次年春，子囊孢子或分生孢子，借风雨传播，通过伤口或皮孔进行初侵染，生长季节分生孢子大量产生并可多次侵染，枝条、果实也可受害。此外，其发病严重程度与降水量密切相关。

日规壳属之一种

Gnomonia sp.

日规壳属 *Gnomonia* Ces.et De Not. 隶属于子囊菌门 Ascomycota 子囊菌纲 Ascomycetes 粪壳亚纲 Sordariomycetidae 间座壳目 Diaporthales 黑腐皮壳科 Valsaceae。

【病害症状】

早期叶面上出现退色斑点，后变灰白色至褐色，病健交界明显，病斑相连成片，呈不规则形枯斑，后期枯斑上产黑褐色小点，即病原菌的子囊壳。

病害症状

【病原主要形态特征】

➘ 显微特征

暗色的子囊壳呈球形、近球形，大小为 (80.0~160.0)μm×(100.0~130.0)μm，具乳突状孔口，初埋生于病组织内，后突破外露。子囊棒状，大小为 (55.0~115.0)μm×(5.0~7.5)μm，无色，子囊间无侧丝；子囊孢子双行排列其中，近梭形、长椭圆形，大小为 (12.0~16.5)μm×(4.0~5.0)μm，双胞不等大，无色。

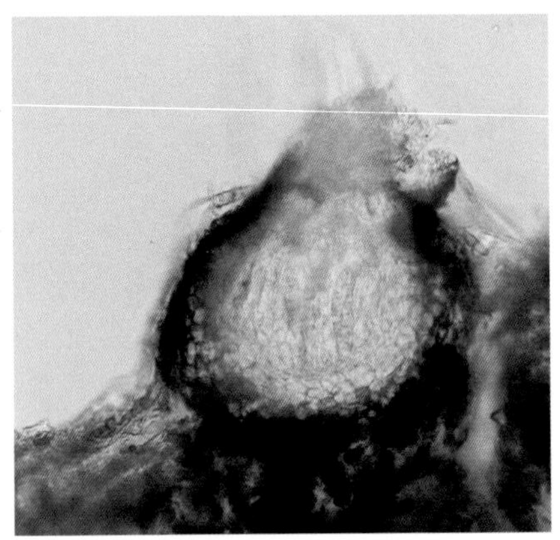

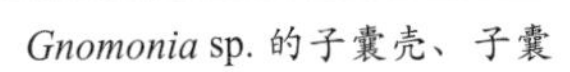

Gnomonia sp. 的子囊壳、子囊

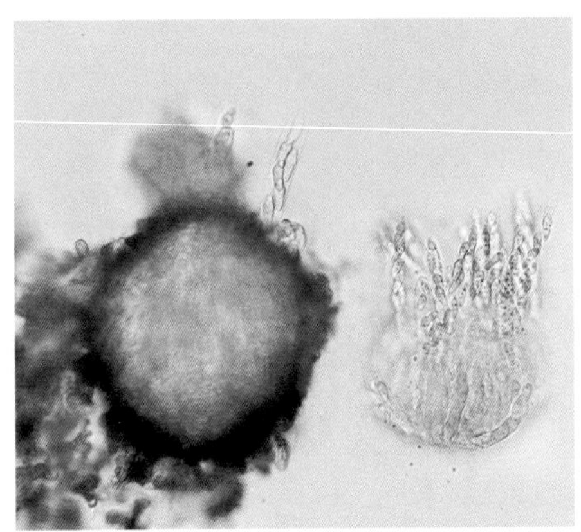

Gnomonia sp. 的子囊壳、子囊和子囊孢子

【病害发生发展规律】

病原菌以子囊壳在病残体越冬。次年春，子囊孢子行初侵染，随气流、雨水、农事操作传播蔓延。

细菌性黑斑病

【病害症状】

核桃叶感病后，首先在叶脉及叶脉分叉处出现黑色小点，后扩大成近圆形或多角形黑褐色病斑，病斑外缘具有半透明晕圈；感病叶后期皱缩和枯焦，病部中央灰白色，并出现穿孔及提早脱落现象。

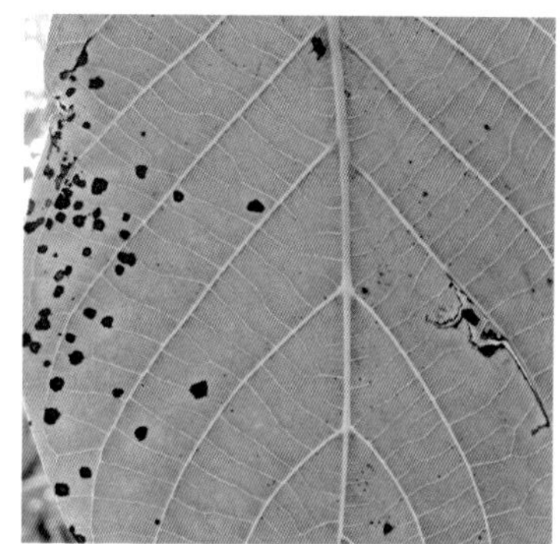

病害症状

核桃黄单胞杆菌

Xanthomonas arboricola pv. juglandis

培养性状

菌落在NA培养基上呈圆形、光滑、隆起、乳白色，后期呈现黄绿色。菌体聚集生长，单个菌体呈短杆状，大小为(0.5~1.2)μm×(1.0~2.4)μm，端生1根鞭毛。为革兰氏阴性菌，有细胞壁、鞭毛和荚膜，无芽孢；有异染粒结构，无类质粒结构。

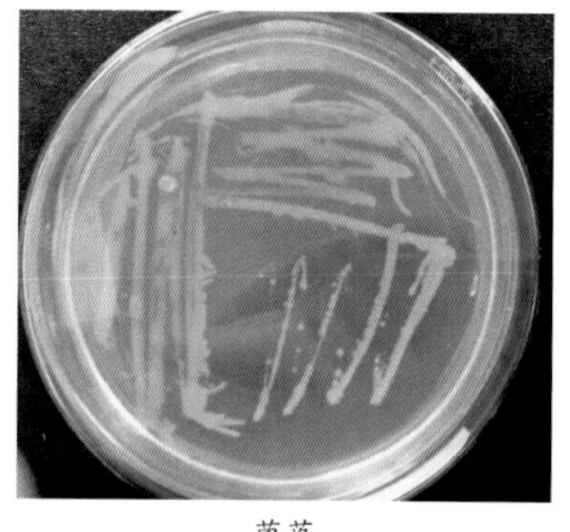

菌落

成团泛菌

Pantoea agglomerans Beijerinck & Gavini

培养性状

菌落在NA培养基上呈圆形、光滑、隆起、乳白色，后期呈现蜡黄色，菌体聚集生长，单个菌体呈直杆状，大小为(0.5~2.0)μm×(0.6~3.0)μm，周生约4.0μm长的6根鞭毛。为革兰氏阴性菌，有细胞壁、鞭毛和荚膜，但无芽孢；有类质粒结构，无异染粒结构。

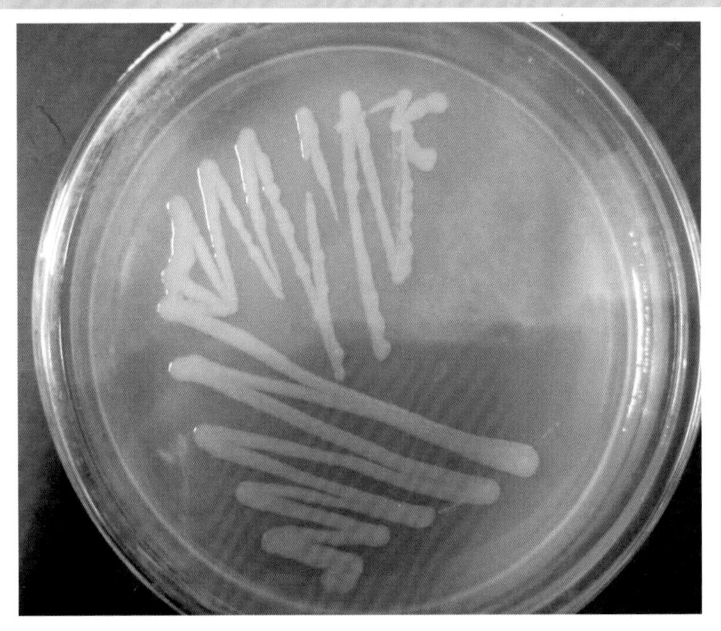

菌落

【病害发生发展规律】

病原细菌在枝梢或芽内越冬。翌春泌出细菌液借风雨传播，在4～30℃条件下，寄主表皮湿润，病菌从气孔、皮孔、蜜腺及伤口侵入，引起叶、花、果或嫩枝染病。核桃花期极易染病，潜育期5～34天，在田间多为10～15天，夏季多雨发病重。

白粉病

胡桃球针壳

Phyllactinia juglandis Tao & Qin（有性态）

拟小卵孢属之一种

Ovulariopsis sp.（无性态）

球针壳属 *Phyllactinia* Lév. 隶属于子囊菌门 Ascomycota 子囊菌纲 Ascomycetes 白粉菌亚纲 Erysiphomycetidae 白粉菌目 Erysiphales 白粉菌科 Erysiphaceae。

拟小卵孢属 *Ovulariopsis* Pat.et Har. 隶属于有丝分裂孢子类群 Mitosporic Fungi 淡色丝孢菌类。

【病害症状】

白色粉状物表生于核桃叶两面，为病原菌的菌丝体、分生孢子梗和分生孢子；病状常不明显，但有时可见退色斑。后期，产生初为淡黄色，渐变褐色、黑色的小颗粒，即病原菌的闭囊壳。

病害症状

【病原主要形态特征】

➘ 显微特征

有性态：闭囊壳近球形，大小为(210.0~250.0)μm×(200.0~220.0)μm，黄褐色至深褐色，壳外具球针型附属丝（即附属丝直，基部膨大成球形而顶部尖细）；壳内含多个长卵形、长椭圆形的子囊，大小为(72.0~90.0)μm×(32.0~51.0)μm，无色；子囊内常有2个子囊孢子，椭圆形或卵形，大小为(25.0~50.0)μm×(15.0~25.0)μm，单胞，无色或淡色。

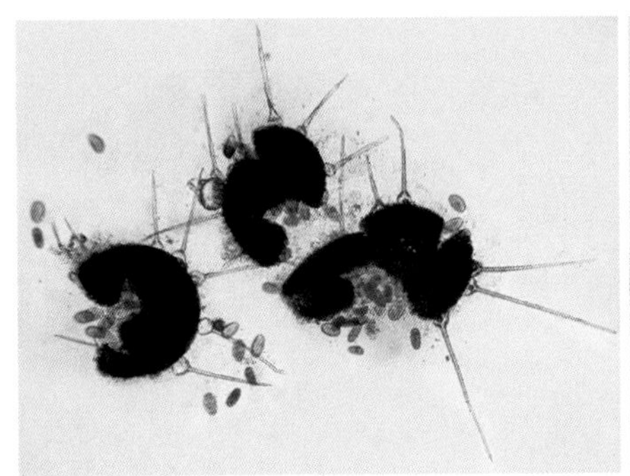

Phyllactinia juglandis 的闭囊壳、球针型附属丝

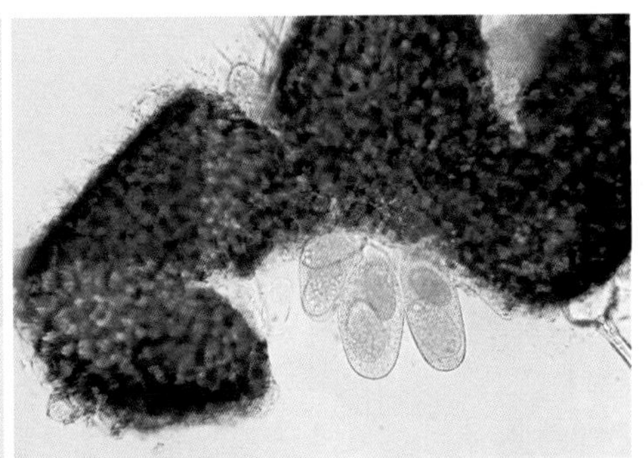

Phyllactinia juglandis 的子囊和子囊孢子

无性态：分生孢子梗从无色、表生的菌丝上长出，直立，不分枝，无色，具隔膜，基部平直且不旋扭。产孢方式为全壁芽生单生式（hb-sol）。分生孢子单生于分生孢子梗顶端，圆筒形、椭圆形、宽椭圆形，大小为(20.0~25.0)μm×(7.5~11.0)μm，单胞，无色，壁平滑。

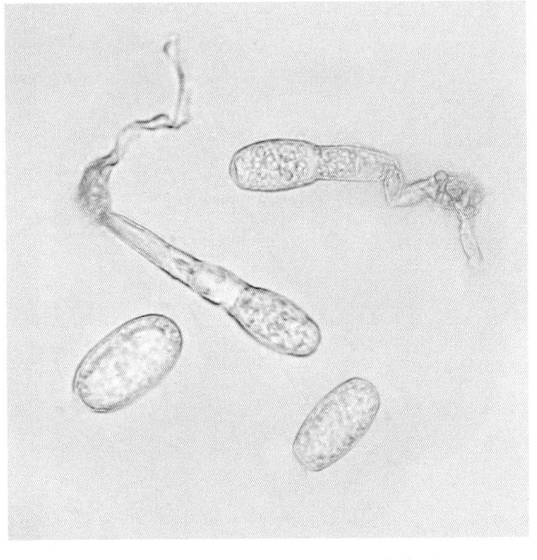

Ovulariopsis sp. 的分生孢子梗、分生孢子

【病害发生发展规律】

病原菌以闭囊壳和菌丝体在落叶和病梢上越冬。翌年春天，遇雨散出子囊孢子，借气流传播至嫩芽、嫩梢及嫩叶上进行初侵染。分生孢子可多次产生并重复侵染，温暖而干燥的气候条件往往有利于白粉病的发生。在氮肥多、钾肥少的地块，核桃组织柔嫩，较易感病。遭受虫害的植株，叶片更易受害。

毛毡病

胡桃毛瘿螨

Eriophyes tristriatus-erineus Nal.

胡桃毛瘿螨隶属于瘿螨总科瘿螨属，其虫态可分为卵、若虫、幼虫和成虫四个阶段。

【病害症状】

发病初期叶面散生或集生浅色小圆斑，大小1mm左右，后病斑逐渐扩展至(4.0~13.0)mm×(3.0~10.0)mm，多呈圆形至不规则形，颜色也逐渐变深；叶背面与病斑相对应处出现浅黄褐色细绒毛丛。由于虫体的危害，刺激被害部位的叶肉细胞伸长变形，故叶面隆起，叶背下凹，严重时全叶皱缩卷曲、枯萎，并提早落叶。

病害症状

【病害发生发展规律】

虫体在核桃的叶、芽鳞、枝蔓内越冬，翌年温度适宜时潜出危害。通过潜伏在叶背面凹陷处的绒毛丛中隐蔽活动，随寄主物候的变化而变化，抽叶时，开始危害，嫩芽到老化盛期加重，入秋后，逐渐停止。干旱严重的年份受害重。

核桃叶部病害的防控技术

现有的研究显示，核桃叶部病害主要分为真菌性病害、细菌性病害和瘿螨引起的毛毡病等几类。无论哪一类病害的发生流行都有相同的诱发因子，比如品种抗性差、树势弱、高温高湿的环境、种植密度大等。当然不同种类的叶部病害也存在明显差异，比如对药剂敏感性存在差异、发生时间有差异、传播媒介有差异、侵染循环有差异等。因此，对叶部病害的防控既要注意相同的预防控制原则，又要注意不同病害的发生危害特征，有针对性地采取相应的技术措施才能取得理想效果。

一、预防为主

1. 抗病品种选育和选择

尽管目前尚未对每个核桃品种的抗病性进行系统研究，但是零星的研究结果已经显示不同核桃品种抗病差异明显。比如牛亚胜等（2010）对甘肃 20 个核桃品种抗黑斑病的试验表明：陇 32 和西林 2 两个品种（系）为高抗品种，陇 11、陇 15、维纳、扎 343、辽 3 五个品种（系）为中抗品种，中林 1、A02、元丰、丰辉、西洛 3 五个品种为抗病品种，中林 5、阿 7、鲁光、辽 1、辽 4、西扶 2 六个品种为感病品种，香玲和中林 3 两个品种为高感品种。同样，本书作者团队也对来自云南的 31 个核桃品种的 4 种病原菌的抗性进行了测定，综合分析结果表明第 1 类抗病品种 18 个：三台核桃、夹棉大麻、新新 2 号、桐子果、大泡核桃、云新云林、云新高原、漾杂一号、夹棉小麻、小胖若核桃、漾杂三号、云新 90306、青皮大泡、大木瓜核桃、娘青核桃、大包壳、四方果、云新 90303；第 2 类中抗品种 10 个：细皮核桃、大尖嘴、漾杂二号、漾江一号、小泡核桃、纸皮核桃、方壳核桃、圆菠萝、小圆果、新翠丰；第 3 类中感品种 1 个：新早丰；第 4 类感病品种 1 个：扎 343；第 5 类高感品种 1 个：云新 90301。不同品种对不同病原菌的抗性有差异，同一品种对不同病原菌也有抗性差异。

由此可见，在核桃种植品种选择中除了考虑适生性外还要充分考虑当地的主要病害种类，尽可能选择抗性品种。由于过去品种选育主要以高产、耐寒、耐旱为目标，对抗病性没有系统研究，因此今后的品种选育应针对抗病性，以抗病为目标开展系统选育工作。

2. 做好监测预警，早发现早控制

对核桃叶部病害应做好监测预警工作，力争能做到早发现早控制，以减小控制难度和灾害损失。对林农来说，监测要做到“三看”：一看核桃树的长势，对长势不良的树木要重点观察；二看叶片颜色，叶片出现颜色不浓绿，发黄、发黑、萎蔫即为不正常，存在感病可能性；三看叶片上是否有典型的病斑，比如退绿斑、黄斑、黑斑、白粉斑等，并注意观察病斑上是否出现小点。通过由远及近、由粗到细的观察就能在病害发生初期发现病害并采取及时防控措施，尽早控制病害。对科技人员来说，重点要做好预警，根据常见病害的发生规律及当年的气候特征预警叶部病害的发生时间、危害程度等。

正是因为核桃有害生物种类多，林农难以正确识别和选择有效的防控技术。为解决这一难题，促进科技成果有效服务林农，西南林业大学专家联合云南这里信息技术有限公司开发了“云南核桃智能空间大数据平台”和“核桃保保”。并将相关科技成果和专家知识融入大数据平台。一方面，林农通过手机关注微信公众号“核桃保保”就能随时开展病虫检索、图像识别，了解每种核桃病虫发生危害规律、防治技术，了解不同核桃品种栽培管理技术，也能在线咨询核桃病虫相关知识和防控技术；另一方面，系统能通过用户操作产生数据了解病害发生的地点、时间和面积等相关信息，并根据这些信息进行预测预报。该系统自 2017 年 12 月 30 日开通运行以来，已经无偿为林农提供病虫知识和防控技术查询服务 10 多万次，解答林农问题 3980 多次，收集病虫上报信息 8810 条。除了云南核桃种植户外，该系统还为山西、山东、陕西、四川、贵州、重庆、河南等省（市）核桃种植户提供无偿服务。通过该大数据平台对核桃病虫的发生能有效开展监测和预警。

3. 加强管理，防止病害发生

管理不善是病害发生的重要原因，加强核桃园的管理有利于防止叶部病害的发生与流行。

（1）苗木管理。选用健壮无病苗木造林，避免带病苗木上山，苗木远距离调运要做好检疫工作，严禁带菌苗木远距离调运，造成病害远距离传播。

（2）水肥管理。叶部病害的发生与树木长势关系密切，为防止树势衰弱感病，要合理施肥和浇水，促进树体健壮生长。对于旺树，增施磷、钾肥，控制氮肥和灌水，早施基肥，结合深翻断根，促进树势由旺转壮。对于弱树，要多施有机肥、氮肥，多地面追肥和叶面喷肥，促进营养生长，复壮树势。

（3）修剪管理。合理密植，可防止叶部病害。为避免过密，要通过间伐，以保持合理密度，同时要结合整形修剪去掉部分枝条，使其通风透光。修剪要在秋季落叶前和春季展叶后，避免“伤流”。对于旺长郁闭树注意疏枝，通风透光，拉枝加大角度。对于被连年砍去下部大枝条的树，要保护树体，培养树冠。对于弱树，修剪枝条去弱留壮。叶部病害发生初期可以通过人工摘除病叶来减少再侵染源。

（4）果园卫生管理。保持果园卫生，所有修剪的枝条、摘除的叶片都要带出，粉碎后深埋核桃园或者通过堆沤发酵后作为有机肥施于核桃根部；秋冬季节落叶后及时清除果园内落叶，粉碎堆沤发酵后作为有机肥还于核桃园。

二、药剂防治

植物病害的防治药剂主要分为治疗性杀菌剂和保护性杀菌剂。治疗性杀菌剂，是指病原菌侵入作物后或作物发病后施用的杀菌剂，它能渗入作物体内或被作物吸收并在体内传导，对病原菌直接产生作用或影响植物代谢，杀灭或抑制病菌的致病过程，清除病害或减轻病害。治疗性杀菌剂杀菌专性强，治疗效果好，但易使致病菌产生抗药性。保护性杀菌剂，是指在病菌侵染之前，先在寄主植物表面施药，防止病菌入侵，起到保护作用的杀菌剂。这类杀菌剂使用后，能在寄主表面形成一层透气、透水、透光的致密性保护药膜，能抑制病菌孢子的萌发和入侵，从而达到杀菌防病的效果。这类杀菌剂杀菌谱广，兼治性强，不易使病菌产生抗药性。

药剂选择原则：

1. 安全性原则

由于核桃主要作为食品，在选用杀菌剂时，要选用低毒、低残留、无害的农药，不能选用已禁用的或者限用的农药，保障食品安全。

截至2018年，已禁用或者限用的杀菌剂包括：托布津、稻瘟灵、甲基胂酸、灭锈胺、有效霉素、双胍辛胺、敌菌灵、敌磺钠、恶霜灵、克菌丹、杀菌丹、敌菌丹、丙环唑、嘧菌胺、醚菌酯、异菌脲等。

农业部推荐使用的杀菌剂包括以下三类。①无机杀菌剂：碱式硫酸铜、王铜、氢氧化铜、氧化亚铜、石硫合剂。②合成杀菌剂：代森锌、代森锰锌、福美双、乙磷铝、多菌灵、甲基硫菌灵、噻菌灵、百菌清、三唑酮、三唑醇、已唑醇、腈菌唑、乙霉威•硫菌灵、腐霉利、异菌脲、霜霉威、烯酰吗啉锰锌、霜脲素锰锌、霜脲氰、猛锌、邻烯丙基苯酚、嘧霉胺、氟吗啉、盐酸吗啉胍、恶霉灵、噻菌铜、咪鲜胺、咪鲜胺吗啉胍、抑霉唑、氨基寡糖素、甲霜灵锰锌、亚胺唑、春王铜、恶唑烷酮·锰锌、脂肪酸铜、腈嘧菌酯。③生物制剂：井岗霉素、农抗120、菇类蛋白多糖、春菌霉素、多抗霉素、宁南霉素、木霉菌、农用链霉素。

2. 对症下药原则

叶部病害病原物种类多，本书报道的就有22种，既有真菌也有细菌，还有螨类，不同的病原物需要选用不同药剂，否则难以达到理想的防治效果。

3. 经济原则

要尽量以最小投入达到最好防治效果，一是在对症下药的基础上，选用用量少、施用次数少的农药或者剂型；二是提倡用纯品单质的药，不用或少用复配药。能用一种药解决的不用两种药，能用兼治药解决的不用专治药。

4. 质量原则

尽量选用正规厂家生产的农药，而不用无证加工作坊生产的农药。购买时一看三证（生产许可证、农药登记证、质量标准证），三证缺一不可；二看有效成分和含量，缺一不可；三看有无出厂检验合格证；四看厂名、地址、邮编、生产日期、批号、保质期，缺一为不合格；五看包装是否完好。

三、防治时机的选择

核桃分布广，叶部病害种类多，病害的发生发展规律有一定差异，因此对不同病害选择适宜的防治时机，在不同时间选用不同方法能够得到事半功倍的效果。大部分林农都是在叶部病害发生的高峰期才开始防治，比如高温高湿的5～8月中旬，其他时间忽视病害防治工作。实际上在春、冬季更需要防治。

病害的侵染期、潜伏期、发病期和越冬期这几个阶段对病害的防治非常有利。一般来说，侵染期多发生在早春，随后进入潜伏期，发病期发生在高温高湿的夏季和初秋，越冬期主要在深秋、冬季和早春。冬季和早春温度低、病原微生物不活跃，多以子实体或者厚垣孢子越冬，甚至也可以菌丝越冬，所以应重点抑制越冬病原微生物。春季核桃萌动时及新叶发生后，病原菌易侵染，应喷施低浓度的保护剂，防止病害的发生。在发病的夏季主要喷施治疗剂，抑制病害扩展蔓延。进入晚秋时节，核桃收获后，重点清除落叶，清除的落叶腐熟后作为有机肥施于核桃林地。

当然，在春夏季节，也不是只要发现病叶就要立即防治的，应根据病原菌的危险性（侵染能力、传播能力、危害大小、发病率）确定是否防治。一般来说，在春夏季节病叶数量超过5%就需要防治。

四、几类叶部病害的主要防治方法

1. 核桃真菌性叶部病害的防治

（1）选育抗病品种。在新建核桃园时应优先选用适宜当地栽培的抗病品种。

（2）加强苗期病害防治。选择、栽植无病苗木，特别是新发展的地区，禁用病苗定植，以免病害扩展蔓延。

（3）清园清树，减少菌源搞好园区内的卫生。及时清除果园内的病枝、病果、落叶，集中烧毁或深埋，减少初次侵染来源。合理修剪，以改善树体通风透光条件，从而降低果园内的湿度，恶化病原菌的滋生环境，阻止病害发生。对于一些修剪口、伤口要及时涂抹愈伤防腐膜，保护伤口，防止病菌侵入、雨水污染。越冬后树干涂白处理。

（4）加强栽培管理。合理确定栽植密度，加强土肥水等方面的管理，保持树体健壮生长，提高树体抗病能力和免疫力。重视有机土杂肥的施用，每亩秋施土杂肥 3000kg 以上，花前追施速效氮肥，夏季追施磷、钾肥。山区果园注意刨树盘蓄水保墒，增强树势，提高树体抗病能力。

（5）核桃树发芽前，喷 1 次 3 ～ 5 波度美石硫合剂，消灭越冬病菌，减少初侵染源，兼治蚧壳虫等其他病虫害。坐果后，用 0.02% ～ 0.05% 的氯杀螨与低浓度的石硫合剂混用（对卵、幼虫、成虫均有效果），或用 25% 的三氯杀螨砜可湿性粉剂 800 倍液进行喷洒。

（6）在核桃展叶前，喷 86.2% 氧化亚铜 1200 ～ 1600 倍液，保护树体。在 6 ～ 8 月发病初期，可用 25% 咪鲜胺乳油 1000 ～ 1500 倍液，或 30% 烯酰 • 咪鲜胺悬浮剂 800 ～ 1000 倍液，或 30% 苯迷甲环唑悬浮剂 3000 ～ 4500 倍液或 65% 代森锌可湿性粉剂 600 ～ 800 倍液，或 70% 甲基硫菌灵可湿性粉剂 1000 ～ 1500 倍液，或 30% 己唑醇悬浮剂 6000 ～ 9000 倍液，或 70% 丙森锌可湿性粉剂 500 ～ 800 倍液，隔 15 天再喷一次，连续 2 ～ 3 次。

（7）发病期用 80% 代森锰锌 800 倍液与 50% 多菌灵 700 倍液，或 70% 甲基硫菌灵 1000 倍液，或 10% 苯醚甲环唑 2500 倍液，或 80% 戊唑醇 4000 倍液，或 5% 己唑醇 800 倍液混合使用或交替使用，每间隔 15 天喷施一次。用药要求均匀周到，从上到下，从内到外，从叶背面到叶面，不留任何死角。

2. 核桃毛毡病的防治

（1）及时清除果园内的病枝、病果、落叶，集中烧毁或深埋，对于一些修剪口、伤口要及时涂抹愈伤防腐膜，保护伤口，防止其他病菌侵入、雨水污染。越冬后树干涂白处理。

（2）早春喷 1 次 5 波美度石硫合剂。

（3）展叶时喷洒 1.8% 阿维菌素乳油 500 倍液。

3. 核桃细菌性黑斑病的防治

（1）栽植抗病品种，加强栽培管理，促进树体生长健壮，提高自身抗病能力。

（2）生长季节发现病枝、病叶和病果，应及时剪除烧毁；休眠期结合修剪，剪除和清理病叶、病枝和病果，并集中处理，以减少病源。对于修剪口、伤口要及时涂抹愈伤防腐膜，保护伤口，防止病菌侵入、雨水污染。

（3）减少树体创伤。采收时尽量少用棍棒敲击，减少树体伤流。在虫害严重发生区，特别是核桃举肢蛾发生严重的地区，应及时防治害虫，减少伤口和病菌侵染机会；采收后及时处理脱下的果皮。

（4）核桃发芽前期，喷洒 1 次 5 波美度石硫合剂，地上地下需全面均匀喷布，以杀死越冬病菌和虫卵，减少侵染菌源。

（5）在核桃展叶期，喷洒 1 : 0.5 : 200 波尔多液，能保护树体，对细菌性黑斑病具有很好的预防效果。

（6）在发病初期，用 1000 单位的农用链霉素可溶性粉剂 3000 倍液，或 77% 的可杀得可湿性粉剂 600 ～ 800 倍液喷雾，具有较好的防治效果。

核桃枝干主要病害

枝干病害是对核桃危害程度最大的一类病害，现有的研究显示，枝干病害主要由真菌、类菌原体和寄生性种子植物引起，危害的部位主要是树干和树枝，真菌病原引起的症状主要是枝枯、树皮腐烂、溃疡、流脂流胶；类菌原体引起的症状主要是丛枝，枝叶变小变细或者畸形；寄生性种子植物引起的主要症状是异种植物在枝干上生长吸收核桃养分。

枝干病害造成的危害主要有几个方面：一是树体营养或者水分运输不畅，整个树体或某个枝条因营养不良衰弱，叶片萌发迟或者不萌发，萌发叶片变黄、萎蔫、落叶，轻者花果发育不良，核桃品质不良，重者不能开花结果，已开花结果的出现花果发育不良甚至落花、落果；二是阻断营养或者水分运输，造成整株或者感病枝条枯萎；三是枝干病害引起树木衰弱后易遭受其他害虫的侵染，加速核桃死亡。

引起核桃枝干枯萎、腐烂、溃疡、流脂流胶的病原有胡桃拟茎点霉、胡桃茎点霉、大孢大茎点、葡萄座腔菌、胡桃壳囊孢等；引起丛枝的病原菌主要是类菌原体；寄生性种子植物主要是桑寄生和槲寄生。

枝干病害的发生同样与环境和树木关系密切。核桃园种植过密，通风透光不良易发生枝干病害；树势弱易使枝干病害迅速扩展蔓延，抗性弱的品种易发生枝干病害。除此以外经营管理过程中造成的枝干树皮伤口，或者昆虫造成的伤口，或者极端天气如冻害、风灾等造成的伤口都可增加枝干病害的风险。

真菌性病害病原菌的传播主要靠孢子自身弹射传播，也可借风传播，借雨水流动和溅射传播，甚至通过枝干害虫，如天牛、小蠹等传播；类菌原体主要通过刺吸式口器昆虫传播，如蚜虫、小绿叶蝉等，也可通过劳动工具（如枝剪、嫁接刀等）传播；寄生性种子植物主要通过鸟取食果实，排出种子的方式传播。

核桃枝枯病

核桃幼树或成年树的枝条受到不同病原菌的侵染，常导致枝枯，有的发生在嫩梢上，引起枯梢。由于病原菌不同，病害症状，尤其是病症有所不同；同一病斑上，还会出现两种或两种以上的病原菌；有的病原菌为弱寄生菌，往往在树势较弱，或已受其他病原菌危害后才得以侵染。

胡桃拟茎点霉

Phomopsis juglandina (Sacc.) Hohn（无性态）

间座壳属之一种

Diaporthe sp.（有性态）

拟茎点霉属 *Phomopsis* (Sacc.)Bubak. 隶属于有丝分裂孢子类群 Mitosporic Fungi，产分生孢子器的腔孢菌。

间座壳属 *Diaporthe* Nitschke 隶属于子囊菌门 Ascomycota 子囊菌纲 Ascomycetes 粪壳亚纲 Sordariomycetidae 间座壳目 Diaporthalles 黑腐皮壳科 Valsaceae。

【病害症状】

感病初期，幼嫩枝条出现红褐色或紫褐色的病斑，后颜色渐深，随着皮部的枯死，病部密生颗粒状突起物，为病原菌的子座及分生孢子器，有时突起上可溢出乳白色至淡黄色的分生孢子堆。后期偶见其有性态，为间座壳属之一种 *Diaporthe* sp.，但症状变化不明显。

病害症状

【病原主要形态特征】

➘ 显微特征

无性态：颗粒状的子座大小为[(180.0~)1040.0~1794.0]μm×[(143.0~)500.0~1430.0]μm；分生孢子器埋生其内，多为不规则形，少数呈球形、近球形，大小为[(25.0~)102.0~800.0(~1100.0)]μm×[(25.0~)50.0~450.0(~600.0)]μm。内壁芽生瓶体式(eb~ph)产孢。分生孢子两型：α型孢子梭形，偶见椭圆形，大小为[5.0~10.0(~15.0)]μm×[2.0~3.0(~3.5)]μm，单胞，无色；β型孢子线形，一端常呈钩状，大小为[(10.0~)30.0(~46.0)]μm×[0.5~1.5(~2.0)]μm，单胞，无色。

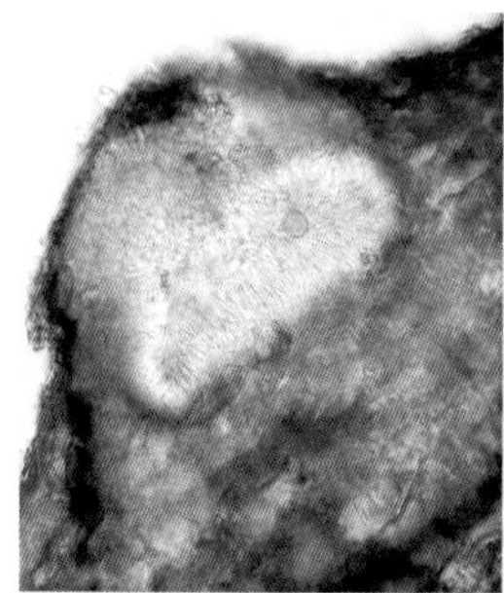
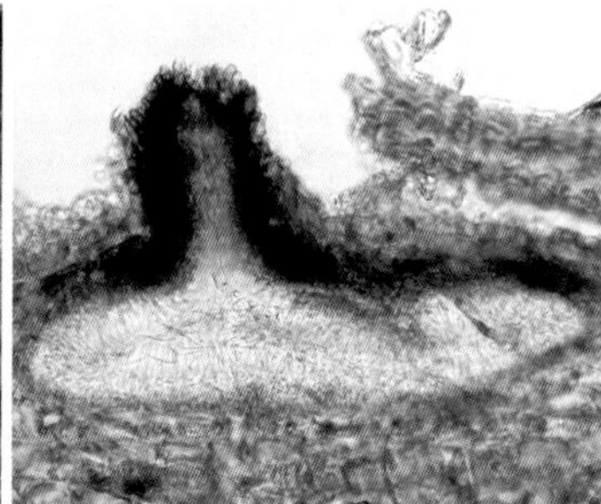

Phomopsis juglandina 的分生孢子器

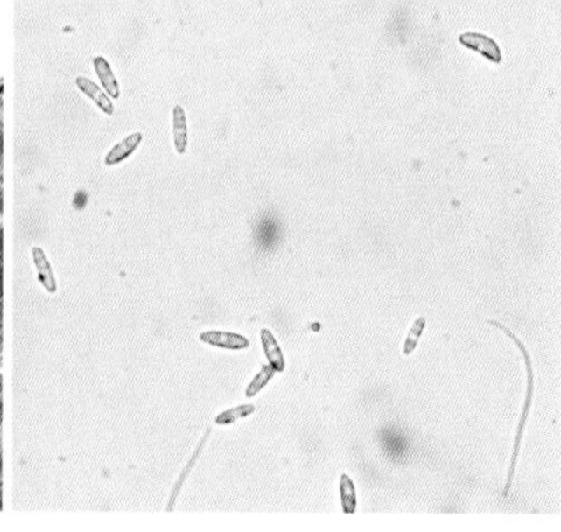

Phomopsis juglandina 的分生孢子

有性态：*Diaporthe* sp. 子囊壳埋生于子座，大小为(80.0~330.0)μm×(80.0~230.0)μm，暗色，具长颈，颈长约260.0μm；子囊孢子梭形，(5.0~10.0)μm×(2.5~5.0)μm，双胞等大，无色，内含油滴。

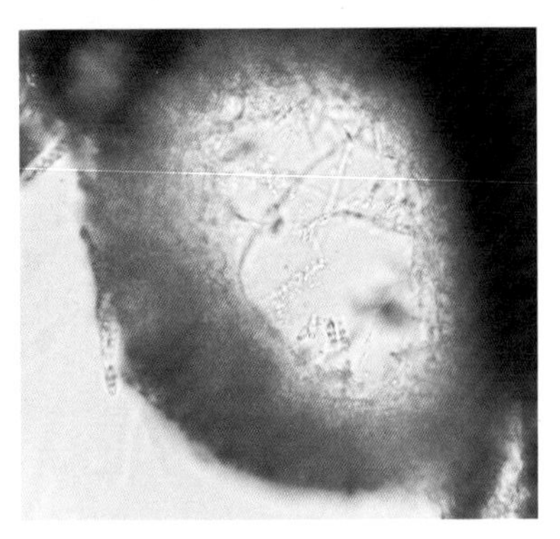

Diaporthe sp. 的子囊壳、子囊孢子

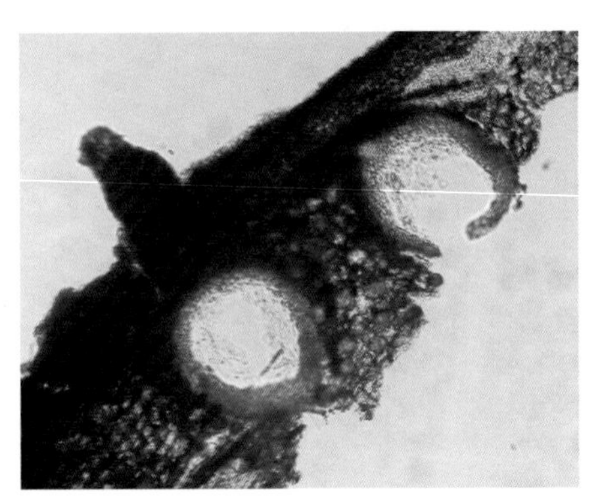

Diaporthe sp. 的子囊壳

培养性状

菌落初呈白色，绒状，后期表面产生褐色环纹及不规则的黑色突起物，为病原菌的子座，可溢出乳白色至黄色的分生孢子堆。菌落背面有近黑色的斑点，呈环纹状，培养基平板不变色。

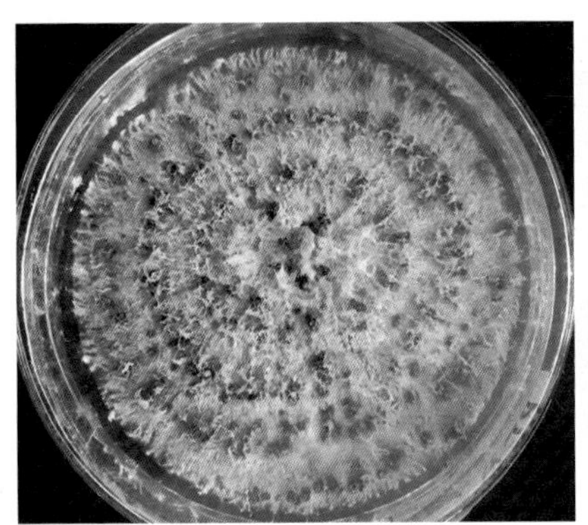

菌落

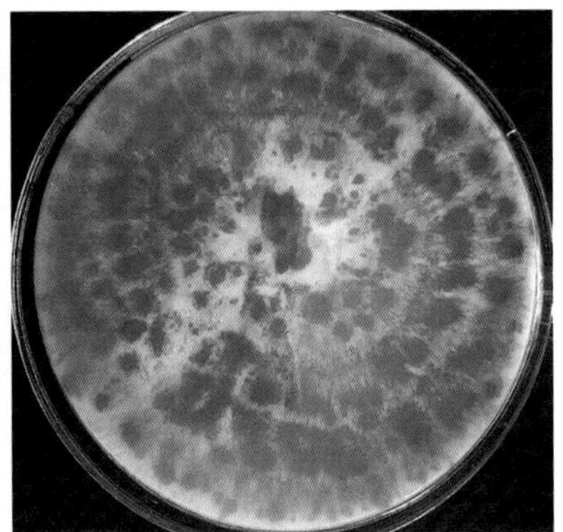

菌落背面

【病害发生发展规律】

胡桃拟茎点霉以分生孢子器、子囊壳在病组织内越冬。次年春季条件适宜时，孢子借风雨传播，并从枝干、果实或叶片的皮孔或受伤组织侵入，产生病斑后逐渐形成子座和分生孢子器，分生孢子成熟后再传播并在整个生长季节重复侵染。病菌有潜伏侵染的特性，侵染后往往要遇到不良环境条件或核桃树体生理失调时，才表现出明显的病斑。一般早春时低温、干旱、风大、枝条伤口多等情况下容易感病。

胡桃茎点霉

Phoma juglandis Sacc.

茎点霉属 *Phoma* Sacc. 隶属于有丝分裂孢子类群 Mitosporic Fungi，产分生孢子器的腔孢菌。

【病害症状】

病枝皮部失绿变暗，病斑渐呈浅红褐色、红褐色，后期在病部表皮下产生许多突起的小粒点，为病原菌的分生孢子器。病原菌主要危害枝条，也可危害果实，被害果实病部呈暗褐色，稍皱缩，上生许多小黑点，后期果实干腐。

病害症状

【病原主要形态特征】

➘ 显微特征

分生孢子器散生，球形、近球形，褐色，具孔口，大小为[(40.0~)70.0~160.0]μm×[(30.0~)50.0~100.0]μm，在PDA培养基平板上，可达(210.0~350.0)μm×(150.0~270.0)μm。分生孢子宽椭圆形，大小为[(2.5~)4.0~7.5]μm×(2.5~4.5)μm，单胞，无色。

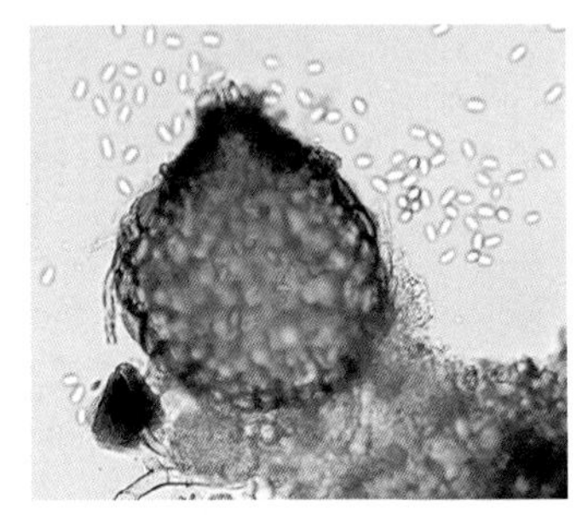

Phoma juglandis 的分生孢子器、分生孢子

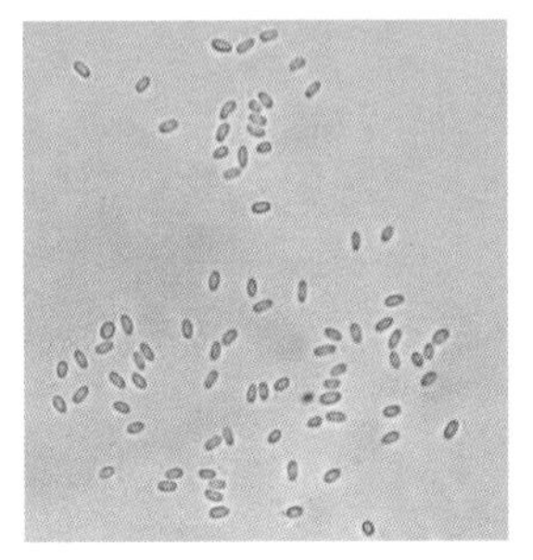

Phoma juglandis 的分生孢子

➘ 培养性状

菌落绒状，白色，后期出现明显的黄褐色至褐色环纹，菌落背面渐变浅褐色、深褐色，培养基平板变为浅褐色。

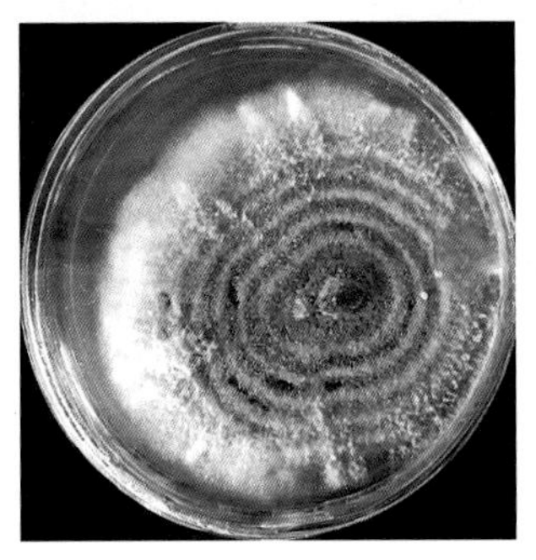

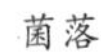

菌落

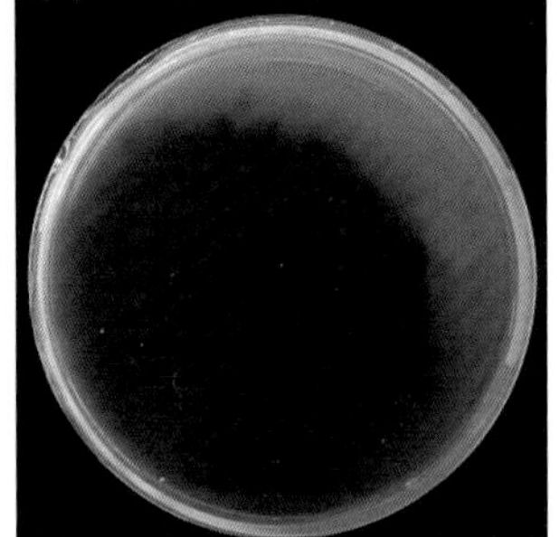

菌落背面

【病害发生发展规律】

病原菌在病残组织内越冬，次年成为初次侵染来源，借风、雨进行传播。6月初发病，8月中下旬发病较重，在雨水多的年份发病严重，苗木更易受害，可造成大量的枯梢。

大孢大茎点

Macrophoma macrospora (McAlp.) Sacc.et D.Sacc.

大茎点霉属 *Macrophoma* (Sacc.) Berl.et Voglino 隶属于有丝分裂孢子类群 Mitosporic Fungi，产分生孢子器的腔孢菌。

【病害症状】

发病初期，枝条上产生近圆形或不规则形病斑，病皮初呈深褐色至黑色，后变浅褐色、红褐色至棕黄色，并在病斑上逐渐产生较大的圆形至椭圆形粒状突起物，为病原菌的分生孢子器。主要危害枝干和叶片，果实也可受害。

病害症状

【病原主要形态特征】

➘ 显微特征

分生孢子器近球形、扁球形，初埋生寄主表皮下，后可突破寄主表皮，大小为 [(90.0~)130.0~320.0]μm×(60.0~200.0)μm；分生孢子梗较短；分生孢子椭圆形、梭形，大小为 (15.0~24.0)μm×(5.5~8.0)μm，单胞，无色。

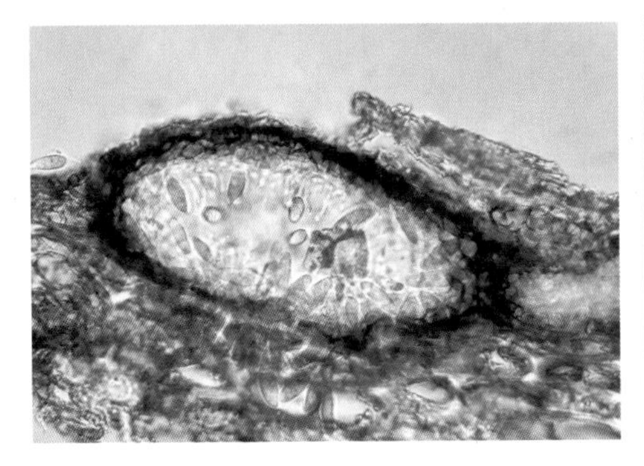

Macrophoma macrospora 的分生孢子器、分生孢子

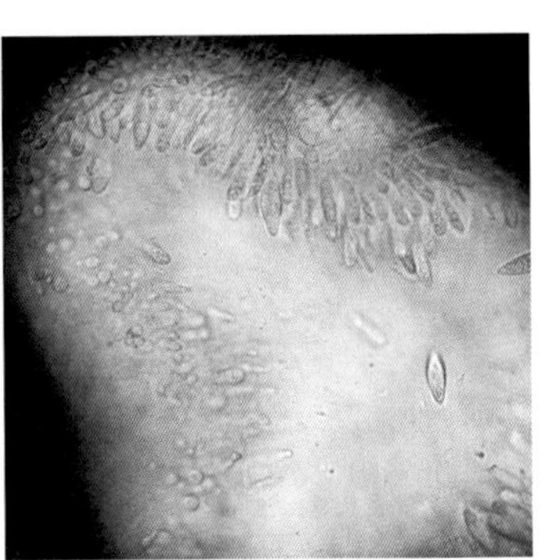

Macrophoma macrospora 的分生孢子梗及分生孢子

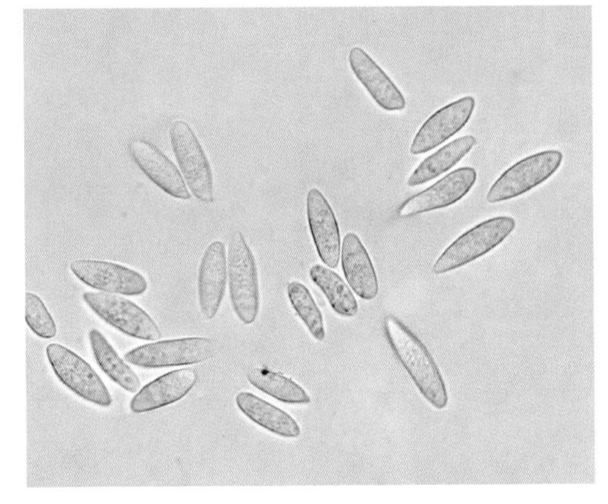

Macrophoma macrospora 的分生孢子

【病害发生发展规律】

病原菌寄生性较弱，常在管理粗放、树势较弱的植株上侵染发病。在枯枝表皮下，有时可同时切到大孢大茎点 *Macrophoma macrospora* 和茎点霉 *Phoma* sp. 的分生孢子器，二者的孢子器大小和分生孢子大小明显不同，应为复合侵染。

胡桃黑盘孢

Melanconium juglandium Kunze（无性态）

胡桃黑盘壳

Melanconis juglandis (Ell. et Ev.) Groves（有性态）

黑盘孢属 *Melanconium* Link 隶属于有丝分裂孢子类群 Mitosporic Fungi，产分生孢子盘的腔孢菌。

黑盘壳属 *Melanconis* Tul. 隶属于子囊菌门 Ascomycota 子囊菌纲 Ascomycetes 粪壳亚纲 Sordariomycetidae 间座壳目 Diaporthales 黑盘壳科 Melanconidaceae。

【病害症状】

受害植株从树冠顶部开始枯枝，逐渐向下蔓延，且叶片发黄脱落。枯枝上出现浅红褐色的病斑，后呈灰褐色，皮下隆起，形成黑色突起，为病原菌的分生孢子盘和子座，潮湿的时候，可溢出大量黑色的分生孢子堆。其有性态在生长季节后期出现，死皮内的黑色小点为子座和子囊壳。

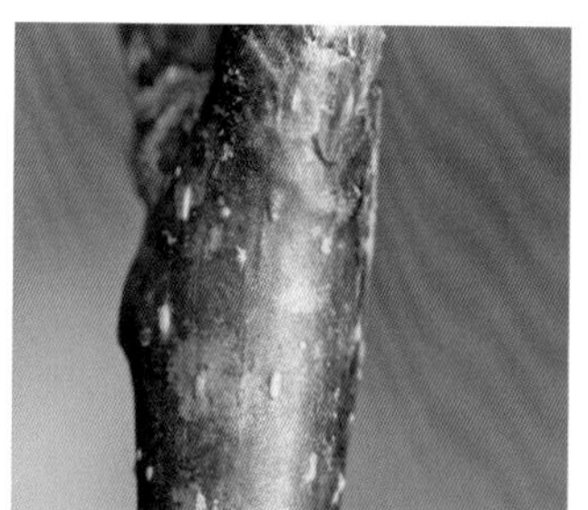

病害症状

【病原主要形态特征】

显微特征

无性态：胡桃黑盘孢的分生孢子盘埋生于病部表皮下，有时埋于子座，其大小为 [(132.5~)400.0~1018.0]μm×(204.0~357.0)μm；全壁芽生环痕式产孢 (hb-ann)；分生孢子梗即产孢细胞浅褐色至褐色，大小为 (27.5~47.5)μm×

(4.0~5.0)μm，顶部有若干环痕；分生孢子单胞，初无色，卵形、宽卵形，成熟后褐色、近黑色，近梭形、椭圆形，大小为 [(16.0~)20.0~27.5]μm×(7.5~11.5)μm。

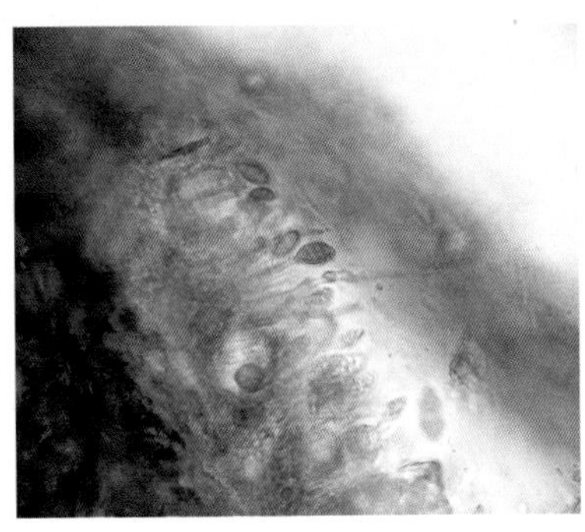

Melanconium juglandium 的分生孢子盘、分生孢子梗和分生孢子

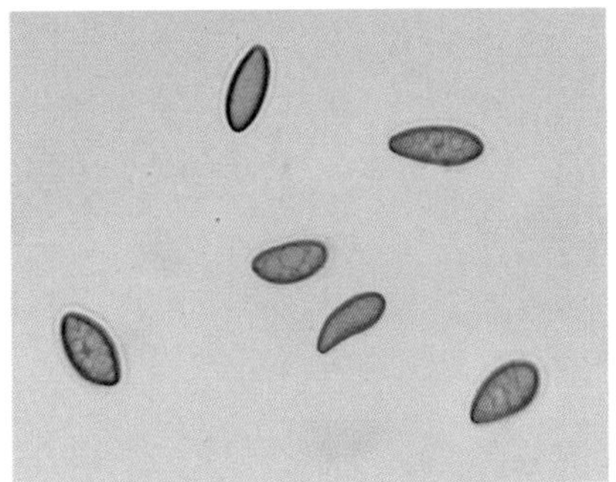

Melanconium juglandium 成熟的分生孢子

有性态：子囊壳烧瓶形，群生，大小为 [(204.0~)305.5~713.0]μm×(214.0~509.0)μm，有长颈，颈长可达 500.0μm 以上。子囊圆筒形，长约 180.0μm，宽约 18.0μm，基部具柄。子囊孢子梭形、椭圆形，有的微弯，大小为 (20.0~30.0)μm×(7.5~12.5)μm，双胞等大、无色。

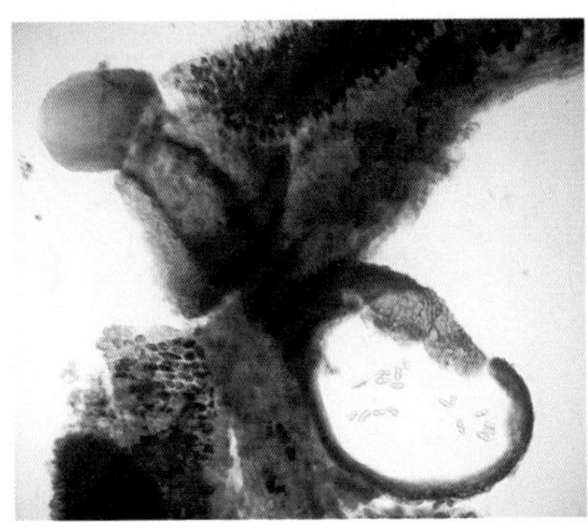

Melanconis juglandis 具长颈的子囊壳

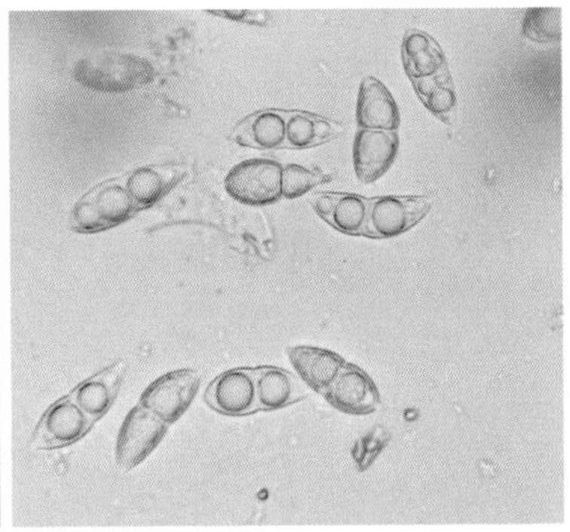

Melanconis juglandis 的子囊孢子

【病害发生发展规律】

病原菌以分生孢子盘和子囊壳在病枝上越冬。次年春条件适宜时，初侵染源——孢子借气流和雨水传播，常从伤口入侵。作为一种弱寄生菌，可在枯枝上长期宿存，一旦树势衰弱，或者受到伤害时，枝条很容易被侵染。故立地条件差，管理不善，或受其他病虫害危害的核桃园，发病较重。

胡桃盘二孢

Marssonina juglandis (Lib.) Magn.

盘二孢属 *Marssonina* Magnus 隶属于有丝分裂孢子类群 Mitosporic Fungi，产分生孢子盘的腔孢菌。

【病害症状】

初期受害树枝顶端皮部变褐色、红褐色，并逐渐向下扩展，病部逐渐失水、皱缩、干枯，后期病皮表面密集小点状突起物，为病原菌的分生孢子盘。

病害症状

【病原主要形态特征】

➘ 显微特征

分生孢子盘初埋生，后突破寄主表皮外露，长 100.0 ～ 225.0μm，宽约 50.0μm，可相连；分生孢子梗无色，长约 4.0μm，宽 1.0 ～ 3.0μm；分生孢子近梭形、多弯曲，大小为 (7.5~17.5)μm×(4.0~7.5)μm，基部平截而顶部尖细，双胞，无色。

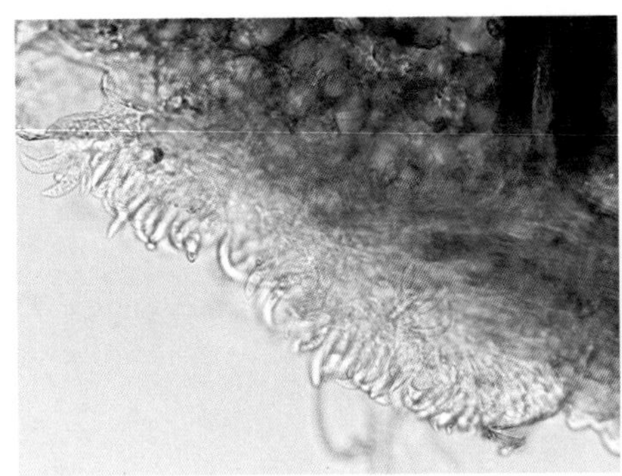
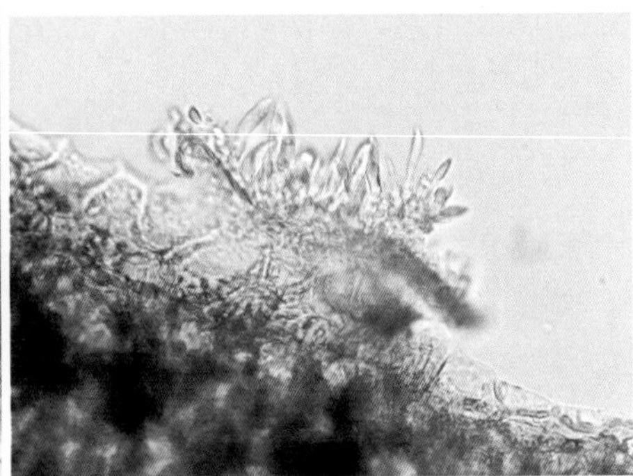

Marssonina juglandis 的分生孢子盘和分生孢子

【病害发生发展规律】

胡桃盘二孢主要引起核桃叶片的褐斑病和果实的病害，引起枝枯的报道较少，因此其流行病学原理及防治措施有待研究。

星芒状弯孢聚壳

Eutypella stellulata (Fr.)Sacc.

聚壳座属 *Eutypella*（Nitchke.）Sacc. 隶属于子囊菌门 Ascomycota 子囊菌纲 Ascomycetes 粪壳亚纲 Sodariomycetidae 炭角菌目 Xylariales 蕉孢壳科 Diatrypaceae。

【病害症状】

感病初期病枝表皮褐变、略肿胀，后呈棕黄色、浅褐色，并在其上产生较大的黑色突起物，为病原菌的子座，后期常连片，直径可达 11.5mm，树皮爆裂时，子座外露。

病害症状

【病原主要形态特征】

➘ 显微特征

子座内埋生暗色子囊壳 4 ～ 6 个，子囊壳大小为 (350.0~590.0)μm×(320.0~480.0)μm；壳具较长的颈且聚颈；壳内子囊多个，棍棒形，无色；子囊内有多个子囊孢子，子囊孢子腊肠形，大小为 (5.0~10.0)μm×[(0.5~)1.0~2.5]μm，单胞，浅黄色，成堆时呈浅褐色。在 PDA 平板上所产子囊壳大于自然条件下所产的子囊壳，大小为 (480.0~800.0)μm×(430.0~600.0)μm。

Eutypella stellulata 的子座、子囊壳

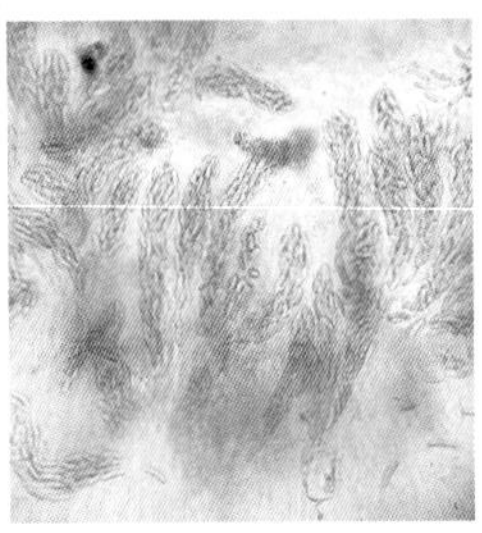

Eutypella stellulata 的子囊和子囊孢子

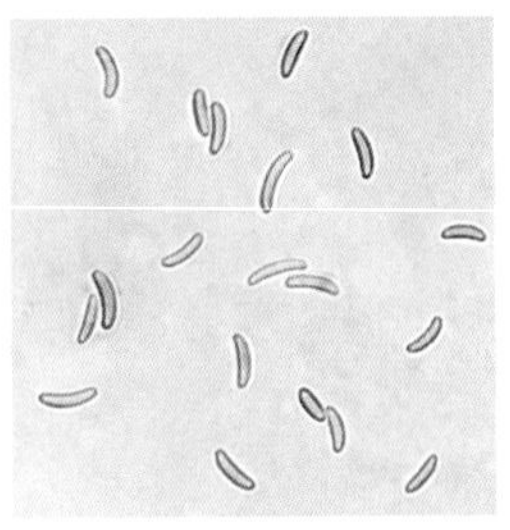

Eutypella stellulata 的子囊孢子

培养性状

菌落白色，平铺于培养基平板上，较薄，后期表面产黑色突起物，较松软，为子座及子囊壳；菌落背面粉黄色至浅褐色，散生褐色斑点；培养基平板不变色。

菌落

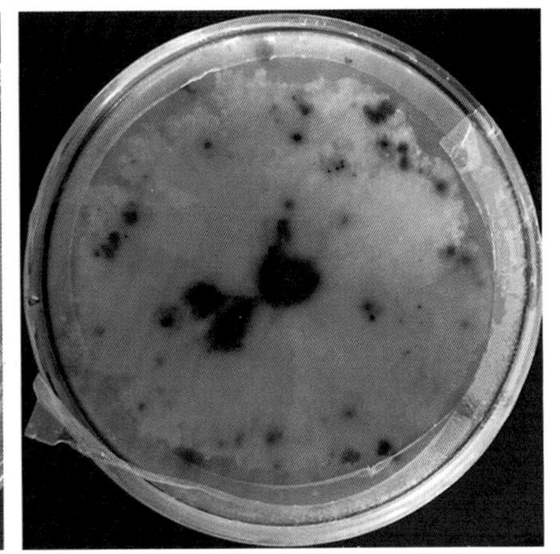

菌落背面

【病害发生发展规律】

据报道，该种常生于阔叶树的枯枝上。在核桃上引起的枝枯较为严重，症状明显，但作为一种在核桃上新发现的病害，其流行病学原理及防治措施有待研究。

枫香亚盘霉

Didymosporium liquidambaris Teng

亚盘霉属 *Didymosporium* Nees 隶属于有丝分裂孢子类群 Mitosporic Fungi 产分生孢子盘的腔孢菌。

【病害症状】

病枝上的病斑初为紫黑色，后呈紫红色，病皮皱缩，表面着生密集棕红色点状物，为病原菌的分生孢子盘。

病害症状

【病原主要形态特征】

显微特征

分生孢子盘初埋生于寄主表皮下，后突破表皮外露，大小为 (400.0~700.0)μm×(100.0~150.0)μm；分生孢子梗无色、近无色；分生孢子长椭圆形，两端钝或一端稍尖，大小为 (12.5~17.5)μm×(4.0~5.0)μm，初为单胞，无色，成熟后呈暗灰色，双胞。

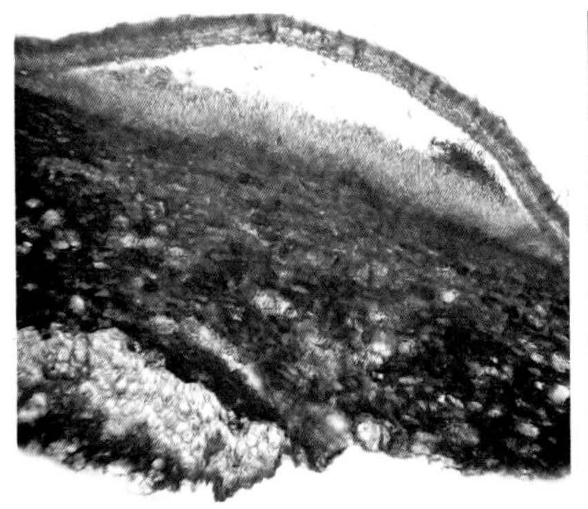

Didymosporium liquidambaris 的分生孢子盘

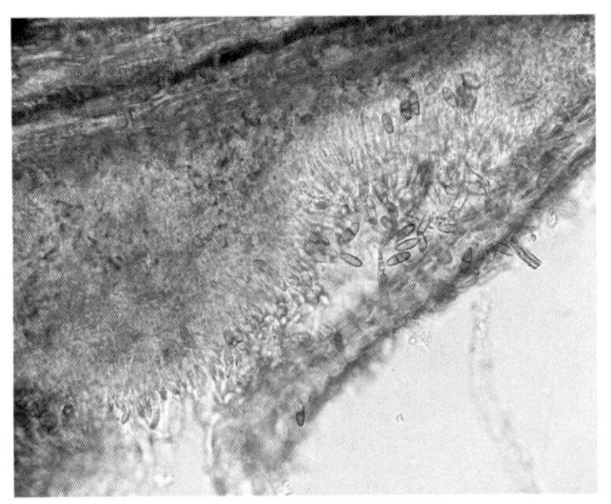

Didymosporium liquidambaris 的分生孢子盘、分生孢子梗和分生孢子

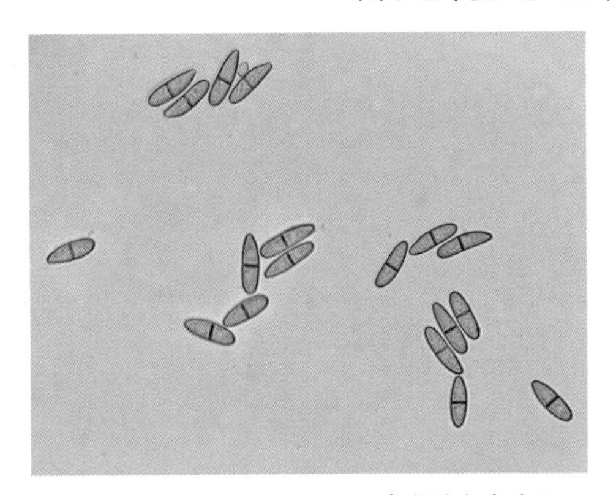

Didymosporium liquidambaris 成熟的分生孢子

【病害发生发展规律】

据报道，亚盘霉属的枫香亚盘霉生于枫香的树枝上，其形态，尤其是分生孢子盘和分生孢子的特征与核桃上病原菌的形态特征相似，而该种引起核桃枯枝为首次发现，故对其流行病学原理和防治措施的研究有待开展。

普通瘤座孢

Tubercularia vulgaris Tode（无性态）

朱红丛赤壳

Nectria cinnabarina (Tode) Fr.（有性态）

瘤座孢属 *Tubercularia* Tode 隶属于有丝分裂孢子类群 Mitosporic Fungi，为产分生孢子座的丝孢菌。

丛赤壳属 *Nectria*（Fr.）Fr. 隶属于子囊菌门 Ascomycota 子囊菌纲 Ascomycetes 粪壳亚纲 Sordariomycetidae 肉座菌目 Hypocreales 丛赤壳科 Nectriaceae。

【病害症状】

病枝皮部退绿，渐变红褐色，表面出现初为粉黄色、粉红色的瘤状突起，为普通瘤座孢的分生孢子座，后颜色转深。其有性态为突破树皮的橘红色、棕红色至红褐色颗粒，常聚生，为表生于子座的子囊壳。

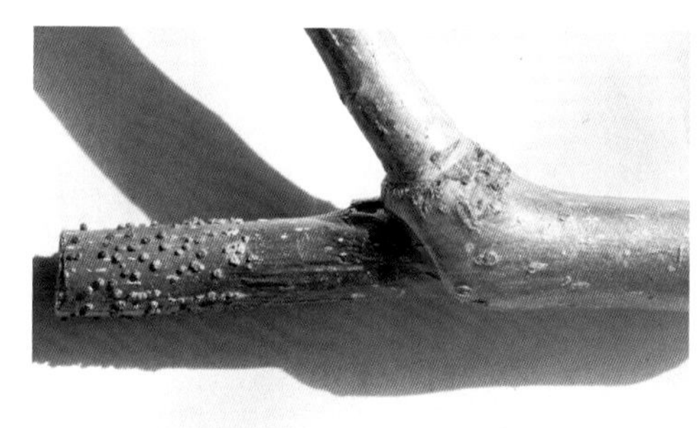
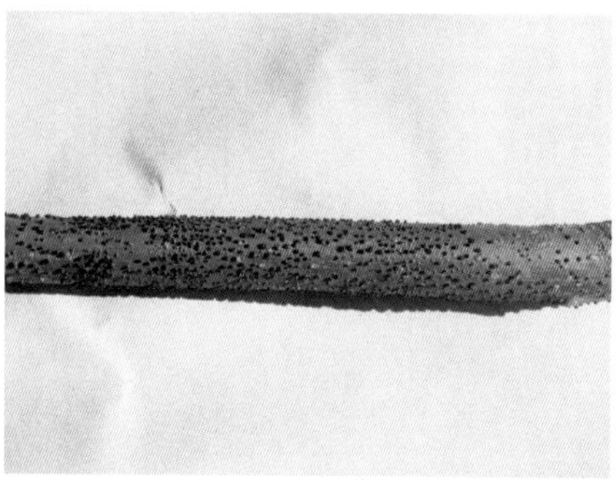

病害症状

【病原主要形态特征】

显微特征

无性态：分生孢子梗聚生成半圆形的分生孢子座，大小为 (750.0~1100.0)μm×(150.0~430.0)μm；分生孢子梗细长，长 87.5 ～ 200.0μm，无色，孢子座顶端的梗上部多分枝；分生孢子长椭圆形，少数梭形，大小为 [5.0~7.5(~9.5)]μm×[1.0~2.5(~3.0)]μm，单胞，无色透明。

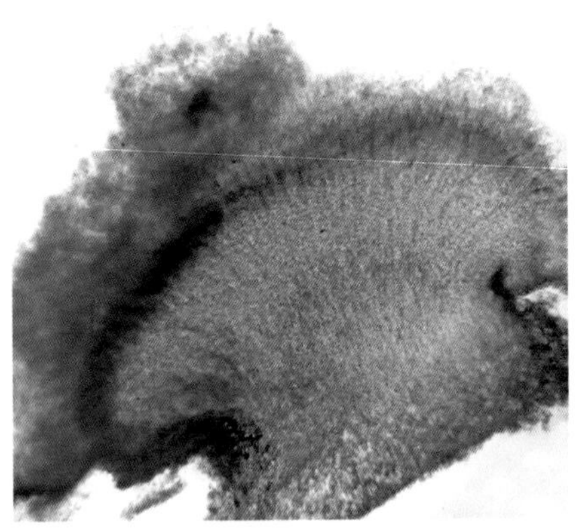

Tubercularia vulgaris 的分生孢子座

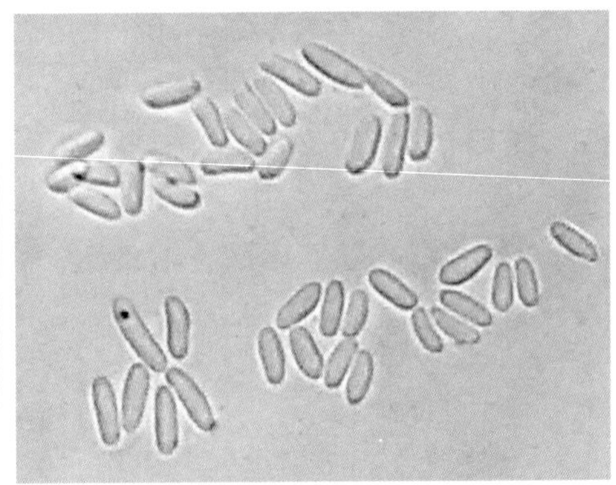

Tubercularia vulgaris 的分生孢子

有性态：子座半埋生于寄主组织，大小为 (970.0~1200.0)μm×(420.0~600.0)μm，鲜色。子囊壳近球形、球形，群生于子座表面，大小为(180.0~400.0)μm×(180.0~380.0)μm，新鲜时橘红色；子囊棍棒形，大小为[(30.0~)50.0~83.0]μm×[5.0~7.5(~12.5)]μm，无色；子囊孢子长椭圆形、梭形，大小为 (12.5~22.5)μm×(5.0~7.5)μm，双胞等大，无色。

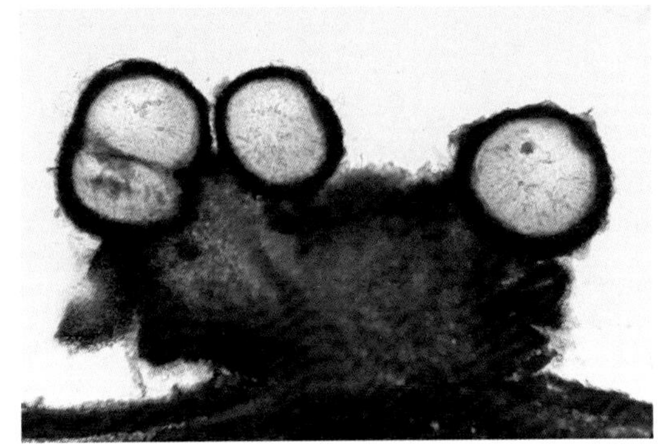

Nectria cinnabarina 的子座、子囊壳

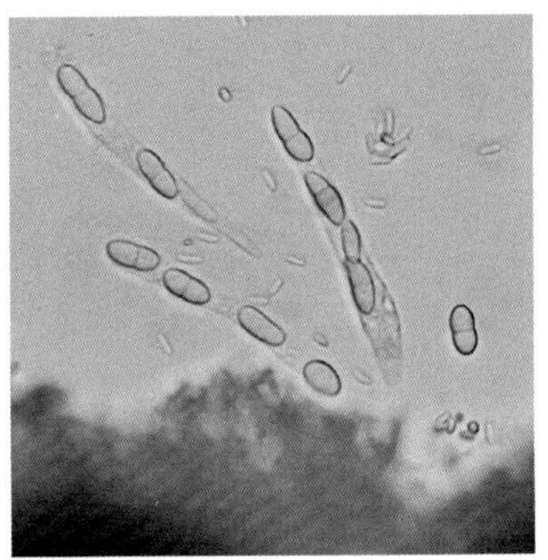

Nectria cinnabarina 的子囊和子囊孢子

【病害发生发展规律】

病原菌以菌丝体在病枝内越冬，第二年春季产生分生孢子，作为侵染来源。当树木生长衰弱或出现伤口时，该菌分解皮层，引起枝枯。主要危害主干及枝条，5 月份开始发病，7 月上旬至 9 月中旬为发病高峰期。受蚜虫、蚧类危害的树木容易发病。

壳梭孢属之一种

Fusicoccum sp.

壳梭孢属 *Fusicoccum* Corda 隶属于有丝分裂孢子类群 Mitosporic Fungi，产分生孢子器的腔孢菌。

【病害症状】

感病初期枝条表皮颜色变深，呈深褐色，后逐渐变棕红色，并在表面产生同色的粒状突起物，较密集，为病原菌的子座和分生孢子器。后期，病枝干枯死亡。

病害症状

【病原主要形态特征】

显微特征

浅褐色子座生于寄主表皮下，大小为 [290.0~330.0(~500.0)]μm×[(100.0~)200.0~500.0]μm；分生孢子器半圆形至球形，有的呈不规则形，埋生于子座中，大小为 [(100.0~)200.0~650.0]μm×[(20.0~)100.0~300.0(~400.0)]μm；分生孢子梭形，大小为 [(4.0~)5.0~9.0(~11.0)]μm×[(1.0~)2.0~3.0(~4.0)μm，单胞，无色。

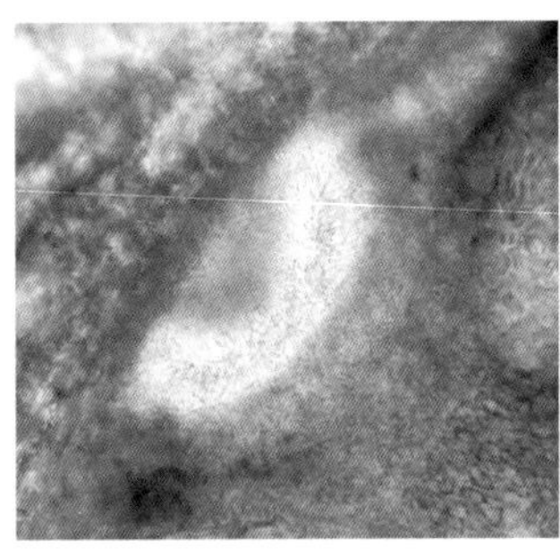

Fusicoccum sp. 的分生孢子器

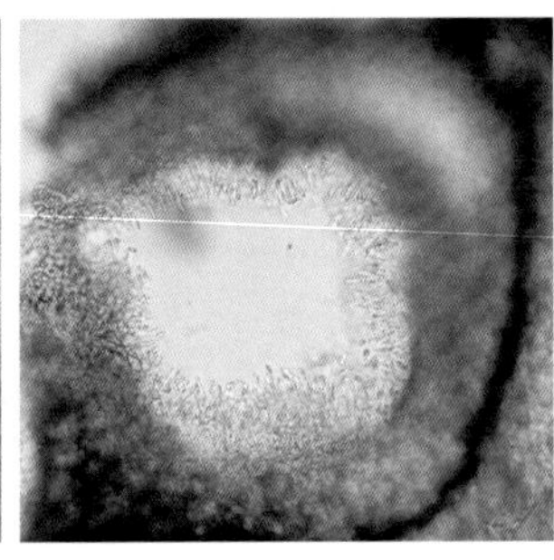

Fusicoccum sp. 的分生孢子器、分生孢子梗及分生孢子

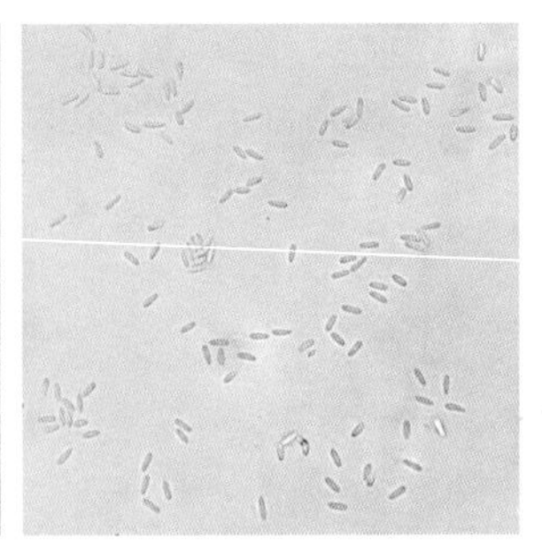

Fusicoccum sp. 的分生孢子

培养性状

菌落白色，毡状，后期表面产黑色突起物，为子座和分生孢子器，可溢出乳白色至浅黄色黏液状的分生孢子堆；菌落背面渐呈浅褐色至深褐色，具褐色斑块，无明显环纹；培养基平板不变色。

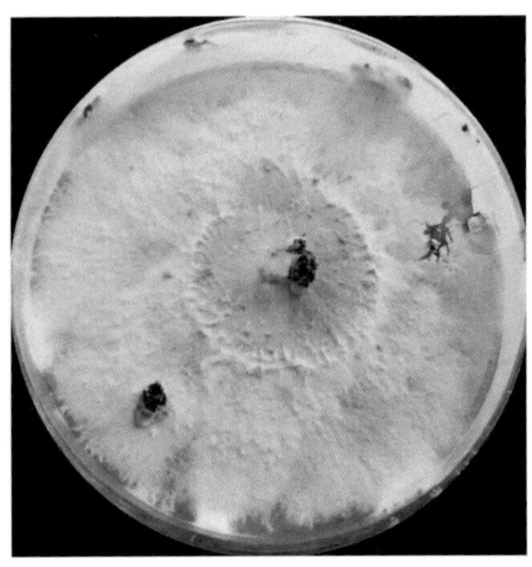

菌落

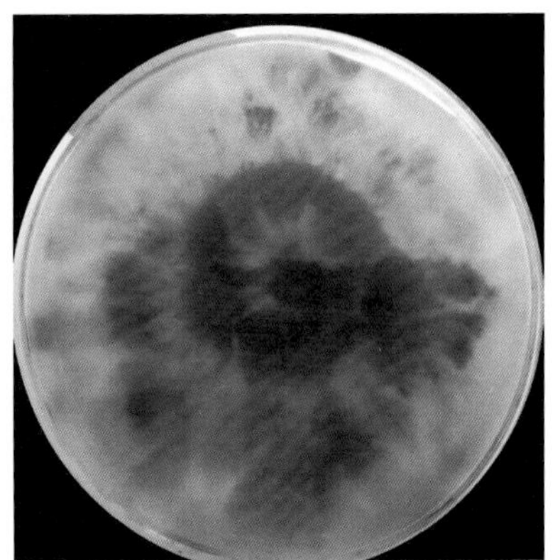

菌落背面

【病害发生发展规律】

前人报道过胡桃壳梭孢 *Fusicoccum juglandinum* Died. 和 *Fusicoccum juglandis* U. Mass.，但其分生孢子明显大于云南核桃上发现的这个种。从显微特征比较，该未知种与桑枝枯壳梭孢 *Fusicoccum mori* Yendo 较为相近。

盘针孢属之一种

Libertella sp.

盘针孢属 *Libertella* Desm. 隶属于有丝分裂孢子类群 Mitosporic Fungi 产分生孢子盘的腔孢菌。

【病害症状】

感病枝条由绿色渐变为黑色，后出现棕黄色病斑，且表面产生棕黄至橘黄色的颗粒状突起物，常密集，为病原菌的分生孢子盘。潮湿时，皮下溢出黄色、橘黄色黏液状分生孢子堆或卷须状分生孢子角。自然干燥后，病斑呈红褐色，且连片。

病害症状

【病原主要形态特征】

显微特征

分生孢子盘初埋生于寄主组织下，后突破外露，淡橙色，直径为 100.0 ～ 1422.0μm，可相连成片，分生孢子梗近无色，长 70.0 ～ 80.0μm，整齐排列于盘内，线形，常分枝，具隔膜；分生孢子近线形、新月形，大小为 [12.5~22.5(~25.0)]μm×(0.5~1.0)μm，单胞，无色。

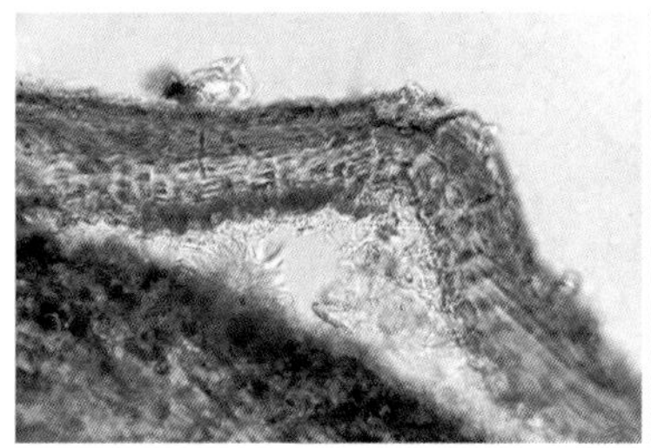

Libertella sp. 的分生孢子盘

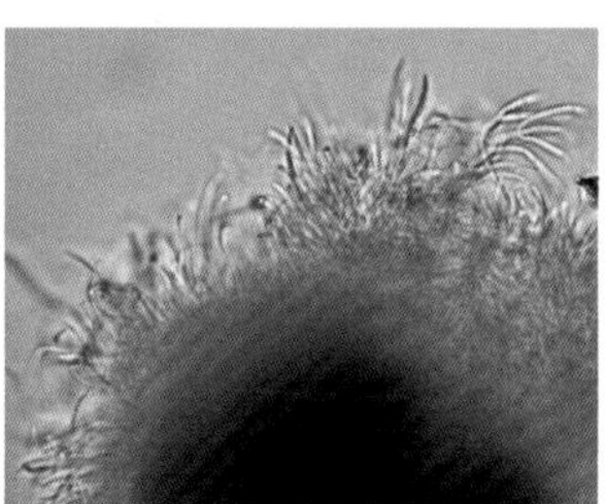

Libertella sp. 的分生孢子梗及分生孢子

Libertella sp. 的分生孢子

培养性状

菌落绒状，初为白色，后呈黑色，表面产橘黄色黏液状的分生孢子堆；菌落背面后期仍为浅粉黄色，有黑色斑点，无明显环纹，培养基平板不变色。

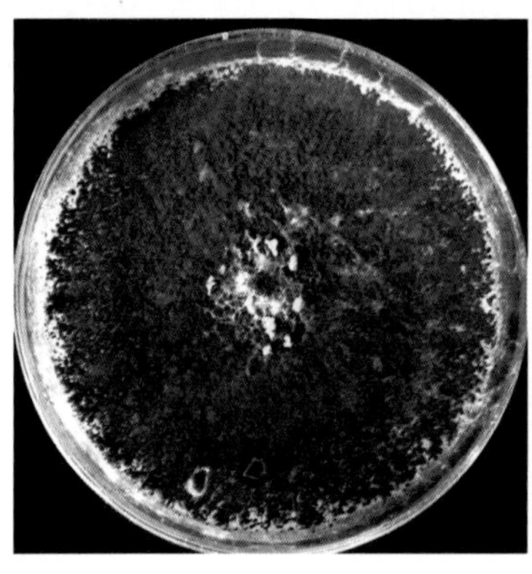

菌落

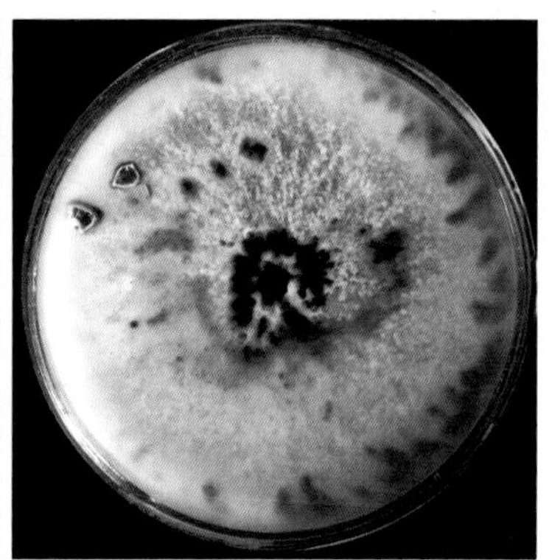

菌落背面

【病害发生发展规律】

作为核桃上新发现的病害，其流行病学原理和防治措施有待研究。

痂囊腔菌属之一种

Elsinoe sp.

痂囊腔菌属 *Elsinoe* Racib 隶属于子囊菌门 Ascomycota 子囊菌纲 Ascomycetes 座腔菌亚纲 Dothideomycetidae 多腔菌目 Myriangiales 痂囊腔菌科 Elsinaceae。

【病害症状】

感病枝条的病状不明显，病枝几乎不变色，偶见较小的变色斑点。后期在表皮破裂处露出近黑色的直径 1 ～ 3mm 的突起，为病原菌的子囊座。

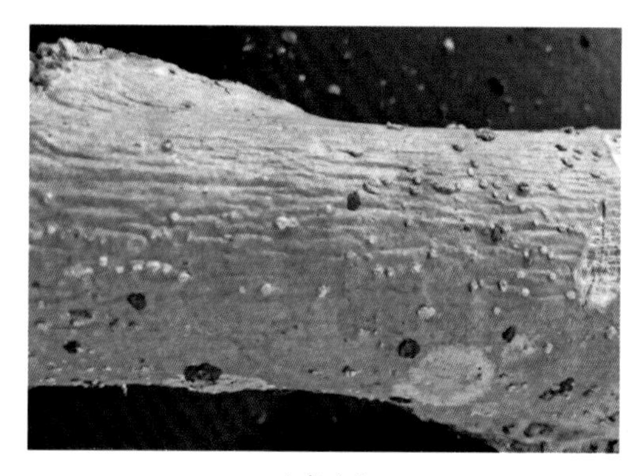

病害症状

【病原主要形态特征】

显微特征

子囊座外露时，多呈垫状、半圆形，褐色，大小为 (550.0~1775.0)μm×(375.0~1150.0)μm，单生或几个相连；子囊腔多个，分散于子囊座内，近球形、宽椭圆形，大小为 (45.0~63.0)μm×(30.0~50.0)μm；每腔内只有一个子囊，即子囊座多腔单囊；子囊卵形、近球形，大小为 (39.0~55.0)μm×(36.0~45.0)μm，无色；子囊孢子长圆筒形，大小为 (35.0~47.5)μm×(7.5~9.0)μm，具横隔，近无色。

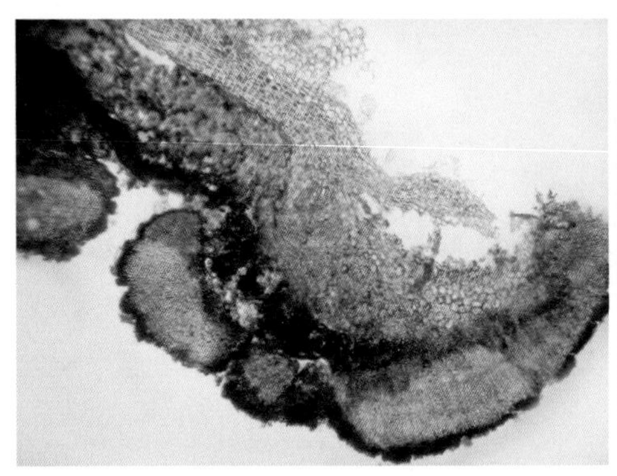

Elsinoe sp. 的子囊座

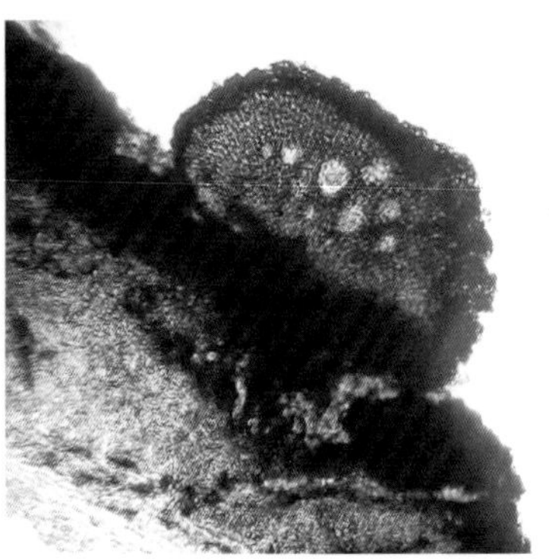

Elsinoe sp. 的子囊座和子囊腔

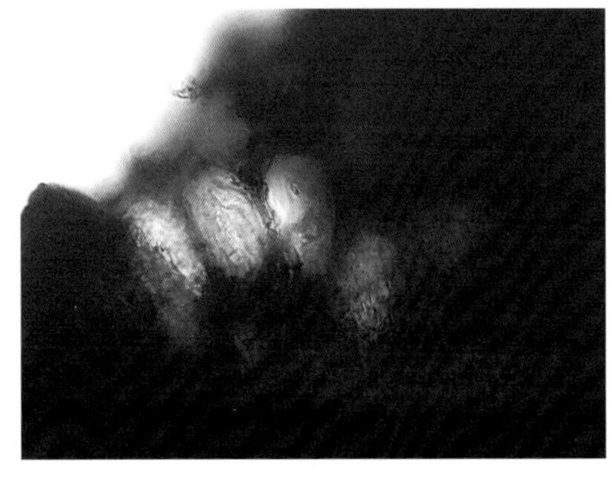

Elsinoe sp. 的子囊腔、子囊及子囊孢子

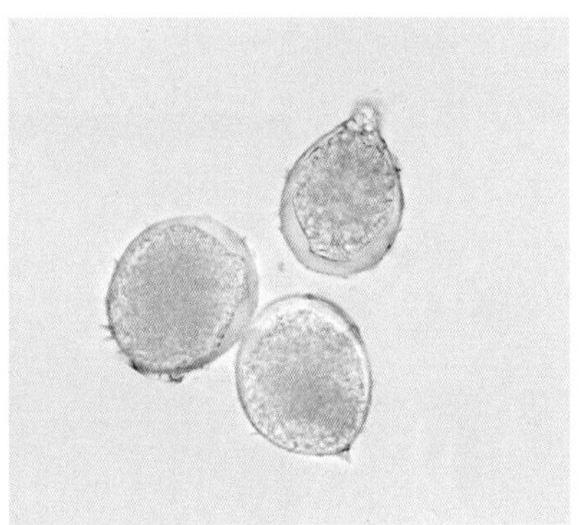

Elsinoe sp. 的子囊

【病害发生发展规律】

病原菌以菌丝体在病叶、病枝梢等组织内越冬。次年春，条件适宜时，病原菌开始活动并产生孢子，借风雨传播、侵染。5月下旬至6月上中旬为发病高峰期。

核桃多毛球壳菌

Pestalosphaeria juglandis T.X. Zhou, Y.H. Chen & Y.M. Zhao

多毛球壳菌属 *Pestalosphaeria* M.E.Barr. 隶属于子囊菌门 Ascomycota 子囊菌纲 Ascomycetes 粪壳亚纲 Sordariomycetidae 炭角菌目 Xylariales 黑盘孢科 Amphisphaeriaceae（新种待发表）。

【病害症状】

感病枝干初期不变色，后呈灰黑色，并在表皮上产生密集灰黑色颗粒状突起，后期表皮爆裂，露出黑色的病原菌子实体。该病主要发生在核桃主干上，严重时整株枯萎死亡。

病害症状

【病原主要形态特征】

显微特征

埋生于表皮下的子囊壳球形、近球形，大小为 [(30.0~)52.5~100.0]μm×(130.0~170.0)μm，壳壁为黑褐色。子囊易消解，子囊孢子在子囊中呈单行排列。子囊孢子大小为 (9.0~12.5)μm×(3.0~5.0)μm，具 3 个横隔，由 4 个细胞组成，中间 2 个细胞呈褐色，两端的细胞色较浅。

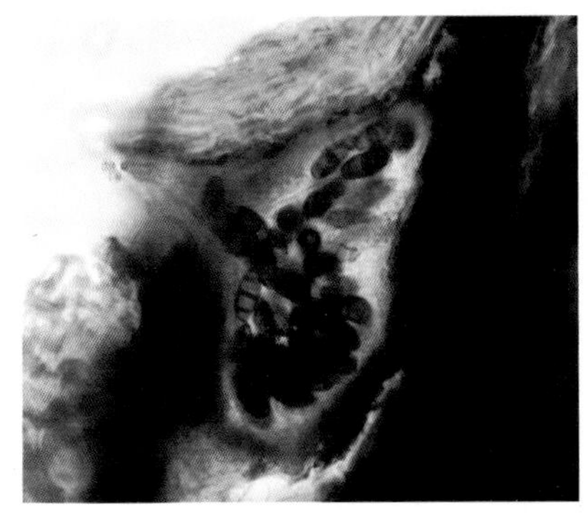

Pestalosphaeria juglandis 的子囊壳、子囊孢子

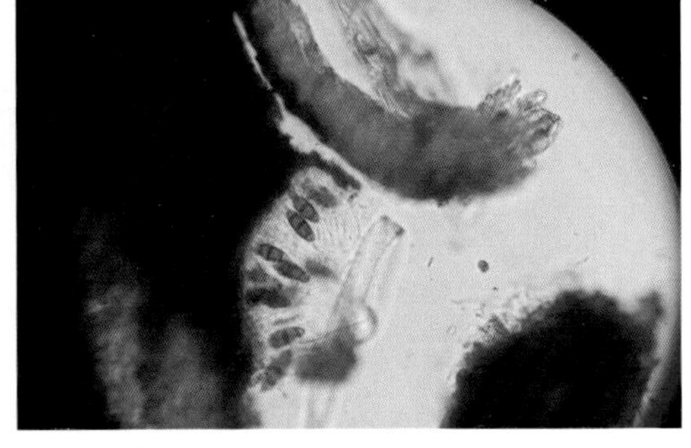

Pestalosphaeria juglandis 的子囊壳、子囊孢子

【病害发生发展规律】

作为核桃上新发现的病害，其流行病学原理和防治措施有待研究。

假蕉孢壳属之二种

Diatrypella sp.1 & *Diatrypella* sp.2

假蕉孢壳属 *Diatrypella* Ces.et De Not. 隶属于子囊菌门 Ascomycota 子囊菌纲 Ascomycetes 粪壳亚纲 Sordariomycetidae 炭角菌目 Xylariales 蕉孢壳科 Diatrypaceae。

【病害症状】

初期感病枝表皮局部变褐色，病健交界处略失水凹陷，后感病枝病皮大面积变红褐色，并在其上产生密集的橘红色近圆形突起物，可导致树皮爆裂。后期渐变黑，部分相连形成较大的近圆形或不规则形黑色突起物，树枝失水、干枯死亡。

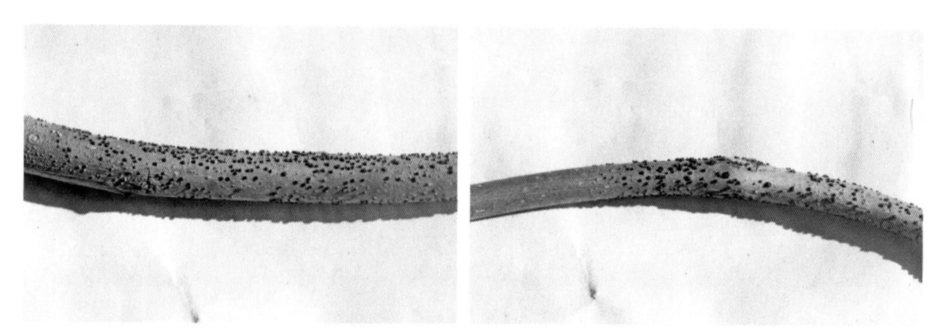

病害症状

【病原主要形态特征】

显微特征

Diatrypella sp.1：子座内埋生、半埋生子囊壳或若干个子囊壳生于子座表面。子囊壳椭圆形至近球形，大小为 (150.0~340.0)μm×(110.0~280.0)μm，壳壁黑色，具暗色短刺。子囊呈粗短的棍棒形，内有许多子囊孢子，腊肠形，大小为 (5.0~7.5)μm×(0.5~1.0)μm，单胞，无色。

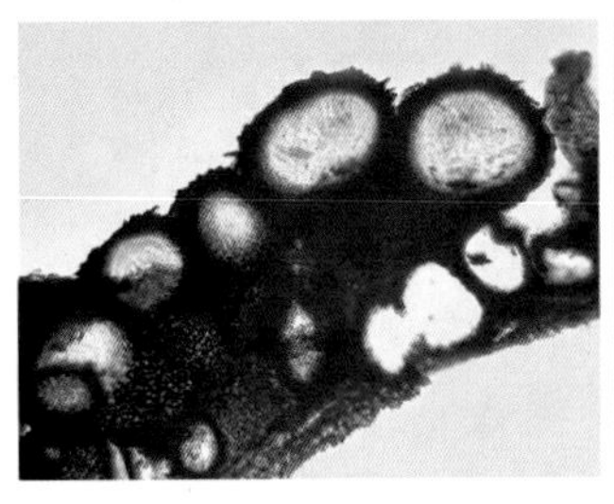

Diatrypella sp.1 的子座与子囊壳

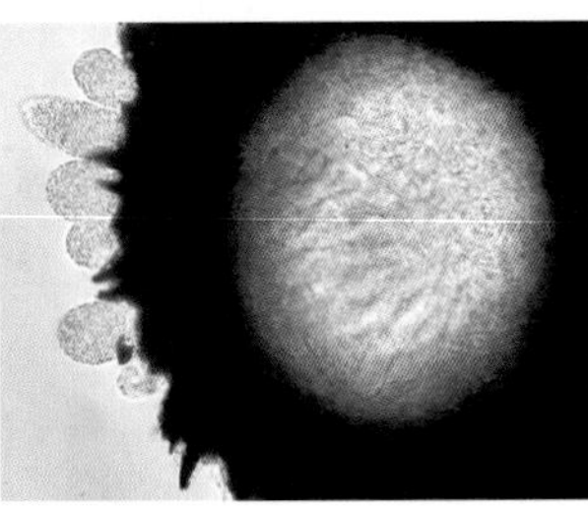

Diatrypella sp.1 的子囊壳、子囊壳壁具短刺、子囊

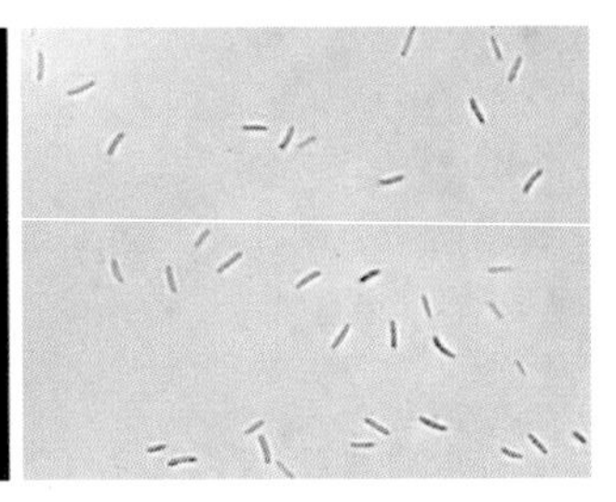

Diatrypella sp.1 的子囊孢子

Diatrypella sp.2：子囊壳近球形，大小为 (380.0~590.0)μm×(350.0~450.0)μm。子囊长棍棒状，大小为 (90.0~115.0)μm×(15.0~18.0)μm，子囊内有许多子囊孢子，大小为 (6.0~10.0)μm×(0.5~1.0)μm，腊肠形，单胞，无色。

Diatrypella sp.2 的子座和子囊壳

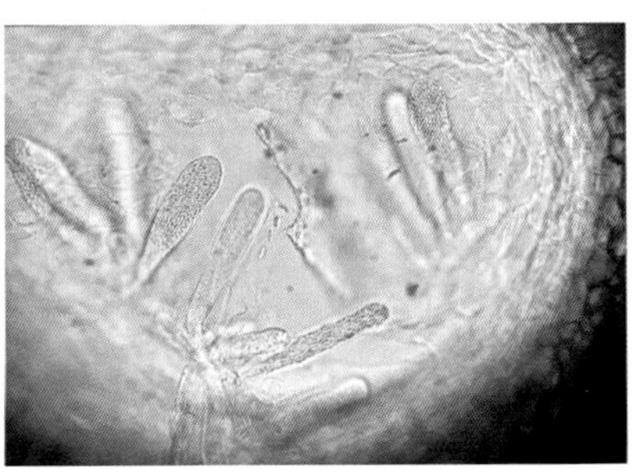

Diatrypella sp.2 的子囊壳、子囊

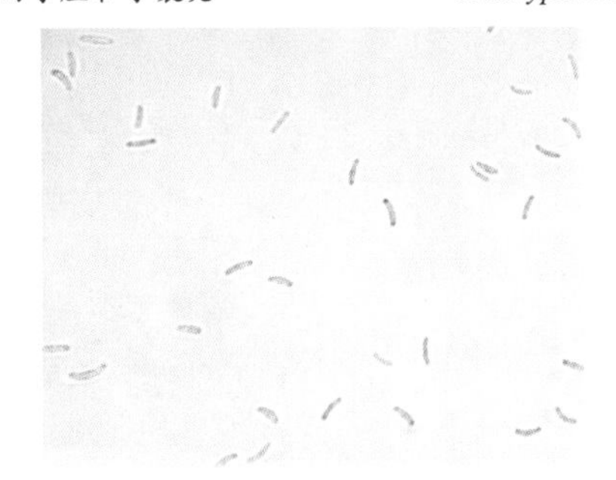

Diatrypella sp.2 的子囊孢子

【病害发生发展规律】

据报道，假蕉孢壳属的真菌多出现在树桩及枯枝上，估计与其弱寄生性有关，是否也是在核桃树势衰弱时或已受其他病原菌侵染后才得以侵染枝条，其流行病学原理及防治措施有待研究。

大单孢属之一种

Aplosporella sp.

大单孢属 *Aplosporella* Speg. 隶属于有丝分裂孢子类群 Mitosporic Fungi 产分生孢子器的腔孢菌。

【病害症状】

感病初期，病枝表皮变深褐色，病部失水，局部皱缩，后表皮颜色逐渐变为红棕色，其上密集着生直径 1 ～ 5mm 的突起物，为病原菌的子座和分生孢子器，突起物破裂时溢出黑色的分生孢子堆。

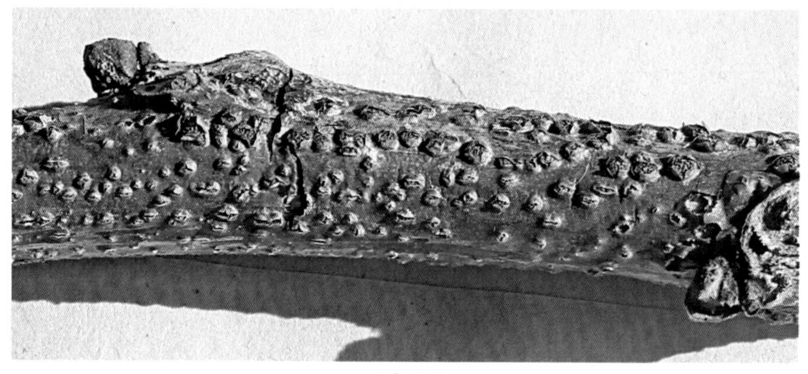

病害症状

【病原主要形态特征】

显微特征

子座块状，生于寄主表皮下，后突破，大小为(1100.0~1600.0)μm×(270.0~640.0)μm，内有若干个分生孢子器，多不规则形，少近球形，大小为[700.0~1000.0(~1600.0)]μm×(200.0~640.0)μm，也有人描述为由拟薄壁组织把子座隔成若干个腔；分生孢子椭圆形，大小为[17.5~22.5(~30.0)]μm×[7.5~10.0(~15.0)]μm，单胞，暗色，偶见双胞。

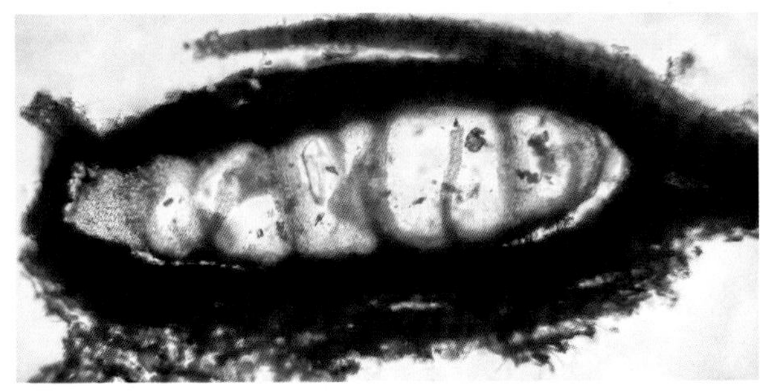

Aplosporella sp. 的子座、分生孢子器

Aplosporella sp. 的分生孢子

【病害发生发展规律】

大单孢属之一种所致核桃枝枯症状明显，但其流行病学原理及防治措施有待研究。

镰刀菌属之一种

Fusarium sp.

镰刀菌属 *Fusarium* Link 隶属于有丝分裂孢子类群 Mitosporic Fungi 的淡色丝孢菌。

【病害症状】

病枝皮部呈黑色，病健交界明显，病皮密集着生黑色的小粒状物。

病害症状

【病原主要形态特征】

显微特征

分生孢子分大型和小型两种，大型分生孢子镰刀型，无色，两端尖且弯，大小为(25.0~47.5)μm×5.0μm，具 3 ～ 5 个分隔；小型分生孢子梭形、椭圆形，数量较多，大小为[(1.0~)5.0~9.0]μm×(1.0~5.0)μm，无色。

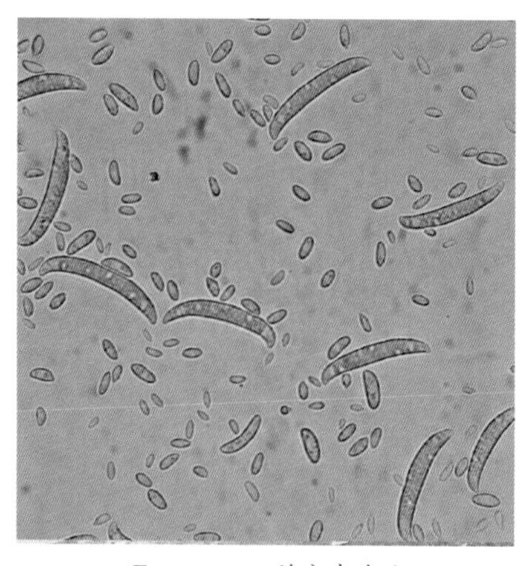

Fusarium sp. 的分生孢子

培养性状

菌落绒状，白色，质地疏松，较薄；菌落背面呈浅灰褐色，培养基平板不变色。

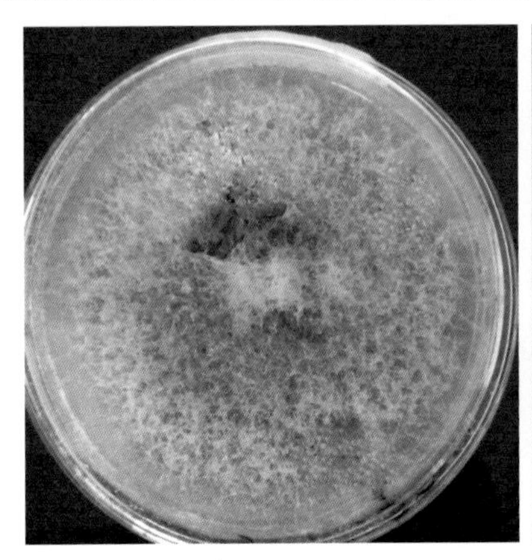
菌落

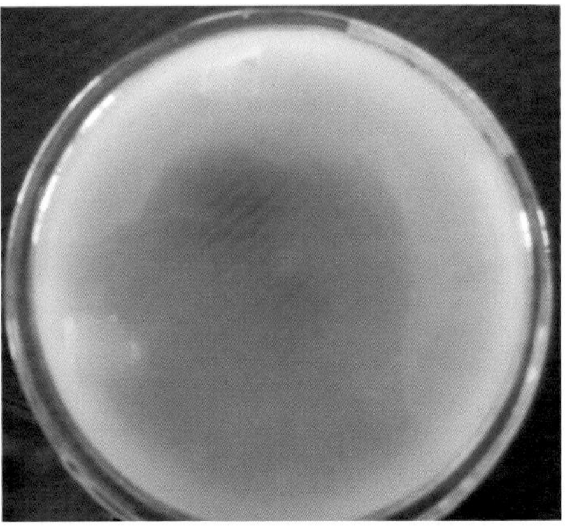
菌落背面

【病害发生发展规律】

病原菌在病株周边的土壤中越冬，第二年春季产生分生孢子，作为侵染来源。病原菌从核桃树主干伤口侵入，4 月下旬开始发病，8 月达到发病高峰期。该病原菌造成韧皮部腐烂，且木质部变黑。

蒂腐色二孢

Diplodia natalensis Evans

色二孢属（壳色单隔孢属）*Diplodia* Fr. 隶属于有丝分裂孢子类群 Mitosporic Fungi，产分生孢子器的腔孢菌。

【病害症状】

病枝上出现明显的浅红褐色病斑，病健交界处明显，健康皮部保持绿色，而交界处的病斑呈土红色和黑灰色且明显下凹。病皮下可见略突起的浅灰色点状物，为病原菌的分生孢子器。

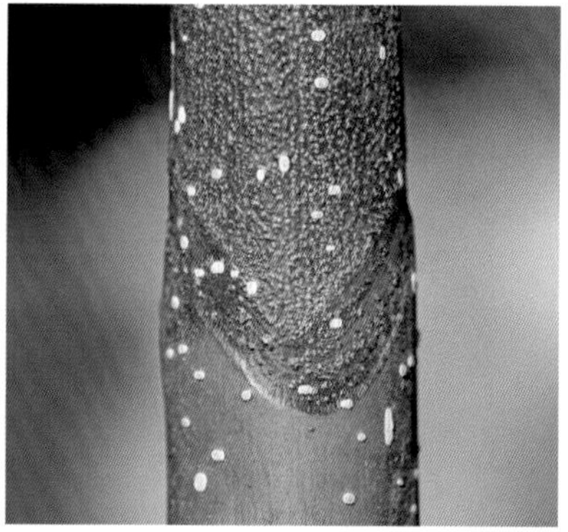

病害症状

【病原主要形态特征】

显微特征

分生孢子器近球形，大小为 (200.0~600.0)μm×(180.0~450.0)μm，褐色；分生孢子梗无色，分生孢子椭圆形，大小为 (22.5~27.5)μm×(12.5~15.0)μm，未成熟时为单胞，无色，成熟后变成褐色、双胞，有不明显的纵向条纹。

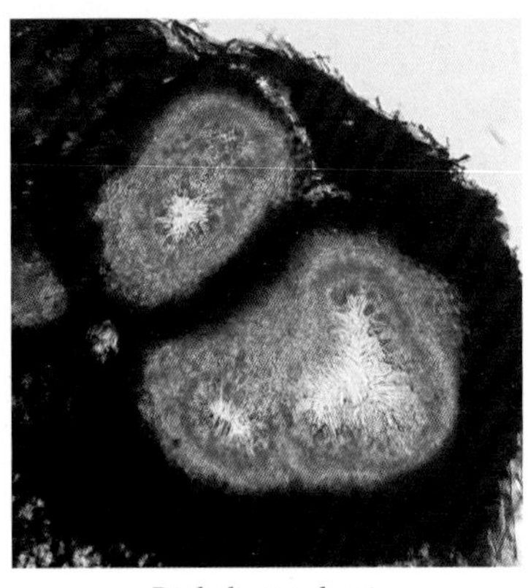

Diplodia natalensis
的分生孢子器、分生孢子梗、分生孢子

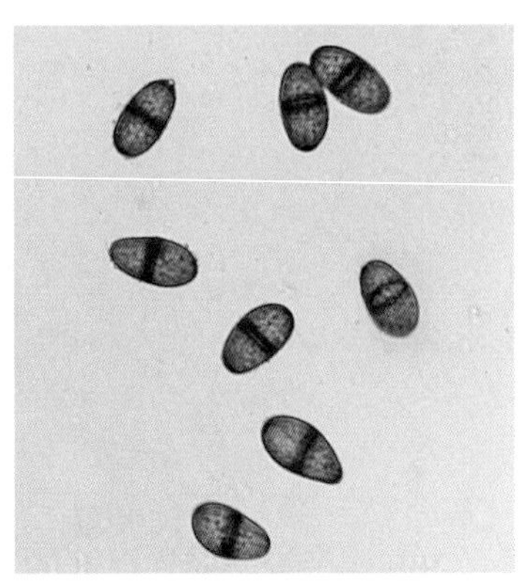

Diplodia natalensis 成熟的分生孢子

培养性状

菌落灰白色，绒状，菌落背面为灰黑色，培养基平板不变色。

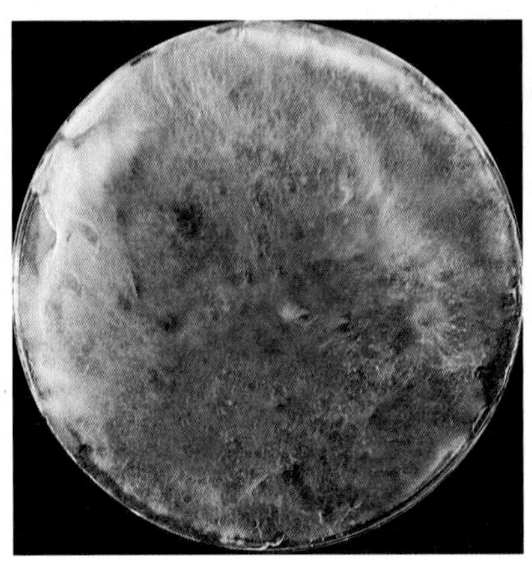

菌落

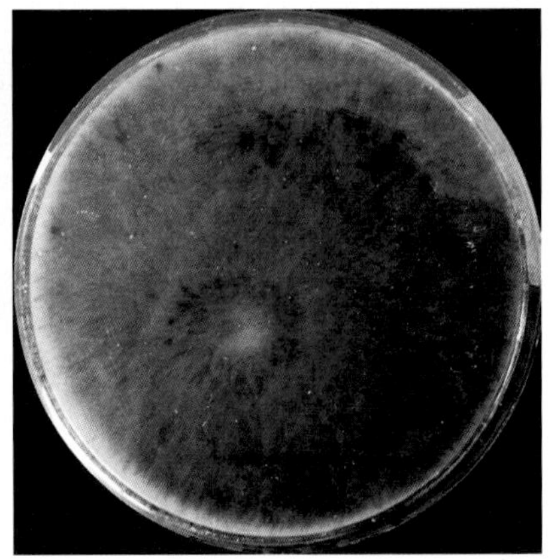

菌落背面

【病害发生发展规律】

据报道，该种可引起多种经济林木及果树的枝枯、果腐，以菌丝体和分生孢子器在病残体上越冬。翌年春，条件适宜时，孢子借风雨传播，进行初侵染，湿度大或干冷以及冷热变化大时易发病。但在核桃上未见过报道，故其流行病学原理及防治措施有待研究。

轮枝孢属之一种

Verticillium sp.

轮枝孢属 *Verticillium* Nees 隶属于有丝分裂孢子类群 Mitosporic Fungi 的淡色丝孢菌。

【病害症状】

病枝上出现明显的浅黑褐色病斑，病健交界处明显，健康皮部保持绿色，病皮略突起。

病害症状

【病原主要形态特征】

➘ 显微特征

分生孢子梗长133.0～234.0μm，直立、有隔，无色至浅色，不分枝或分枝。产孢方式为内壁芽生瓶体式（eb-ph），在分枝末端和主梗顶端可见瓶状的产孢细胞，大小为(19.0~26.0)μm×(4.0~5.0)μm，上部渐尖细，较长；分生孢子无色，大小为(3.0~5.5)μm×(2.0~3.0)μm，卵形、椭圆形、近球形，单胞。

Verticillium sp. 的分生孢子梗和产孢瓶体

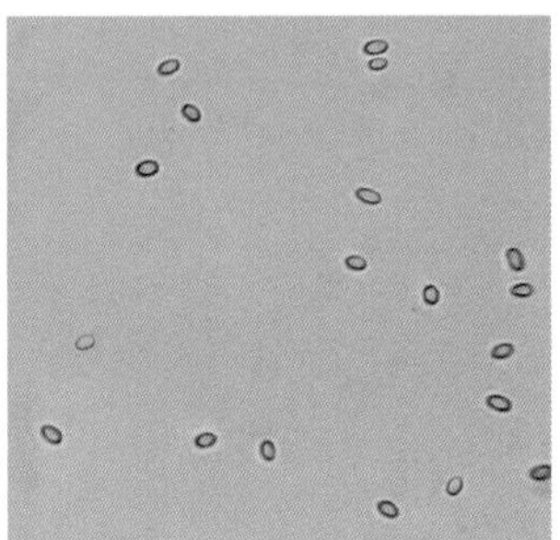

Verticillium sp. 的分生孢子

➘ 培养性状

菌落呈黄色至橘黄色，较稀疏，后期菌落上产黑色的小颗粒。菌落背面为浅黄色至黄褐色，具环纹，环带处色较深，有黑色斑点。

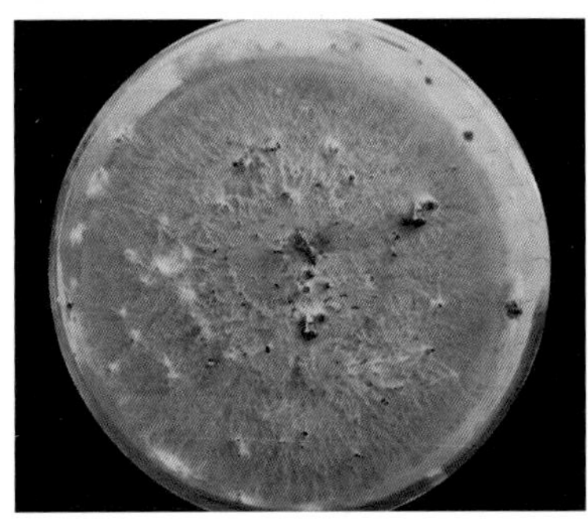

菌落

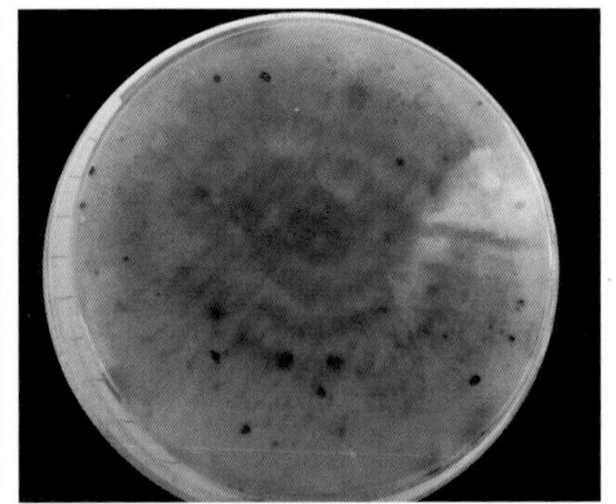

菌落背面

【病害发生发展规律】

病原菌以菌丝体在枝梢病组织中越冬，至次年春，产生新的分生孢子，经风雨传播，陆续侵染。7～8月发病较重，果园低湿或通风不良时容易加重该病发生。

拟盘多毛孢属之一种

Pestalotiopsis sp.

拟盘多毛孢属 *Pestalotiopsis* Steyaert 隶属于有丝分裂孢子类群 Mitosporic Fungi，产分生孢子盘的的腔孢菌。

【病害症状】

病皮红褐色，明显爆开，病健交界处呈红褐色，健康皮部保持绿色。

病害症状

【病原主要形态特征】

➘ 显微特征

分生孢子梭形，长 25.0~32.5μm，由 5 个细胞组成，中间 3 个细胞浅褐色，大小为 (15.0~20.0)μm×(6.0~7.5)μm，两端各有一个无色的细胞。分生孢子顶端常具 3 ～ 5 根附属丝，长 (12.5~)17.5~30.0(~62.5)μm，尾部有一根短的附属丝。

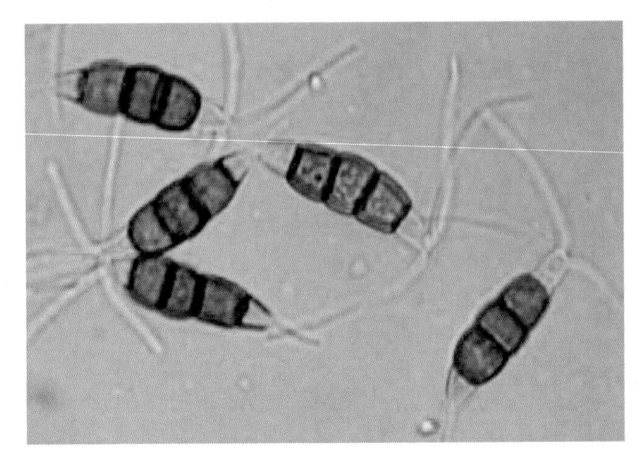

Pestalotiopsis sp. 的分生孢子

培养性状

菌落初为白色，绒状，后期菌落呈毡状，表面可见黑色突起，为分生孢子盘，并泌出黑色黏液，为分生孢子堆；菌落背面橘黄色或深黄色，具环纹，有黑色斑点。

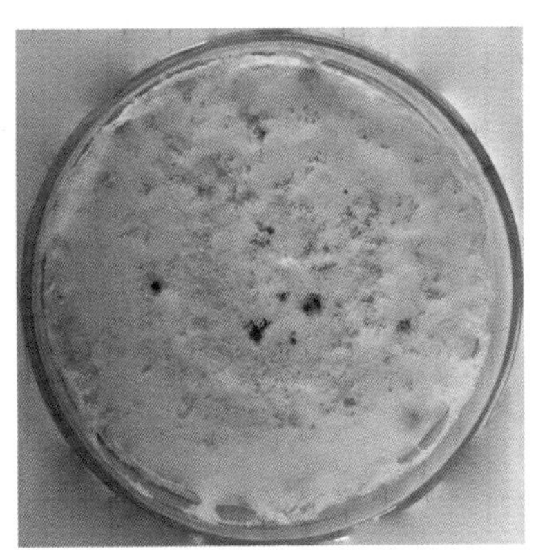

菌落

菌落背面

【病害发生发展规律】

病原菌以分生孢子盘或菌丝体在枝条、树干病部越冬，次年春产生分生孢子借风、雨传播，通过枝条上的伤口进行侵染，5 月发病，8 月为发病盛期。高温高湿发病较重。

长蠕孢属之几种

Helminthosporium spp.

长蠕孢属 *Helminthosporium* Link 隶属于有丝分裂孢子类群 Mitosporic Fungi，暗色丝孢菌。

【病害症状】

病枝皮部略变红褐色或变色不明显，表面群生大量黑色绒毛状物，密聚，为病原菌的分生孢子梗和分生孢子。

病害症状

多隔长蠕孢

Helminthosporium multiseptatum M.Zhang, T.X Zhang et W.P.Wu

【病原主要形态特征】

显微特征

分生孢子梗丛生于暗色假子座，长387.0～900.0μm，褐色，有隔而不分枝，产孢方式为内壁芽生孔出式（eb-tret），分生孢子单生，倒棒形、圆柱形，弯或直，向顶端渐尖细，大小为[(35.5~)70.0~126.0]μm×(10.0~15.0)μm，浅褐色，多隔，孢子基部具明显瘢痕。

Helminthosporium multiseptatum 的假子座、分生孢子梗

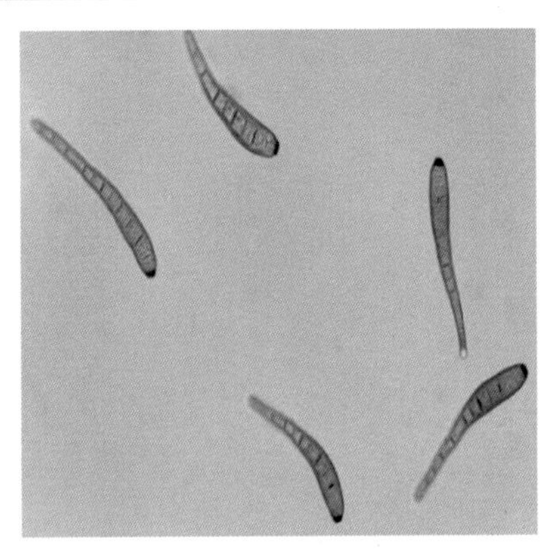

Helminthosporium multiseptatum 的分生孢子

绒长蠕孢

Helminthosporium velutinum Link: Fr.

【病原主要形态特征】

显微特征

分生孢子梗丛生于暗色假子座，长153.0~367.0(~916.0)μm，内壁芽生孔出式产孢。分生孢子单生，倒棒形，直或略弯，向顶端渐尖细，大小为(48.0~78.0)μm×[10.0~13.0(~15.0)]μm，褐色、多隔，孢子基部瘢痕明显。

Helminthosporium velutinum 的假子座、分生孢子梗

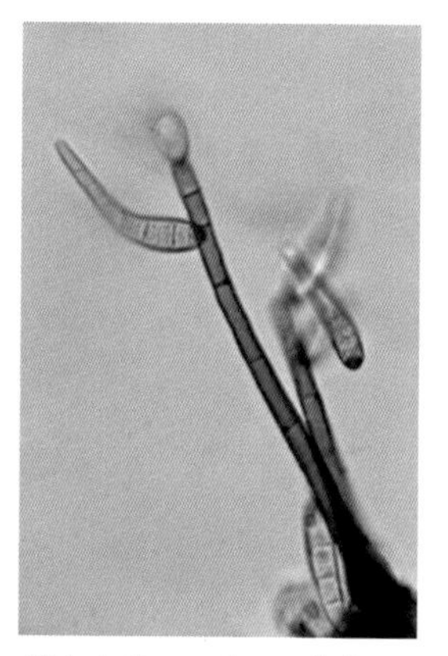

Helminthosporium velutinum 的分生孢子梗、分生孢子

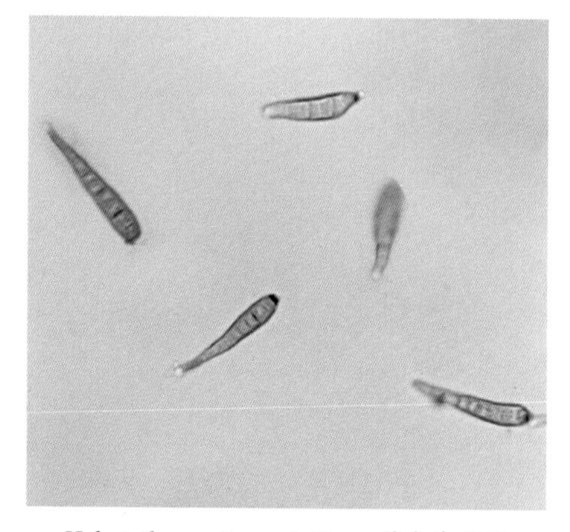

Helminthosporium velutinum 的分生孢子

拟小丛长蠕孢

Helminthosporium pseudomicrosorum M. Zhang et T.Y.Zhang

【病原主要形态特征】

显微特征

暗色假子座长153.0~204.0(~255.0)μm，分生孢子梗丛生于其上，梗长543.0~1034.0μm，褐色，内壁芽生孔出式产孢（eb-tret）。分生孢子单生，倒棒形，直或微弯，向顶端渐尖细，大小为[(51.5~)104.5~182.5(~234.0)]μm×(24.0~26.0)μm，浅褐色、多隔，孢子基部瘢痕明显。

Helminthosporium pseudomicrosorum
的假子座、分生孢子梗和分生孢子

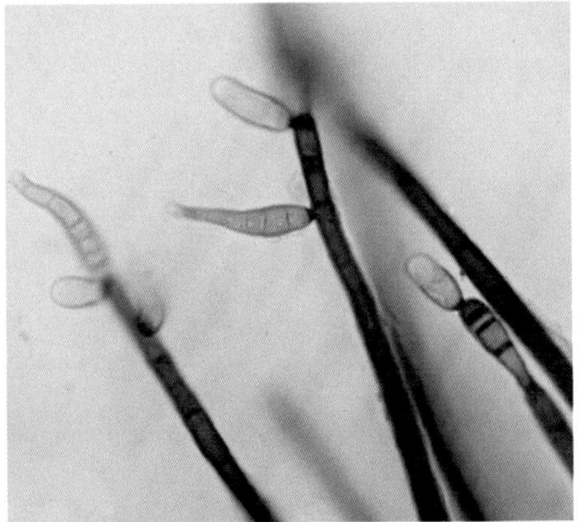

Helminthosporium pseudomicrosorum
的分生孢子梗和分生孢子

长蠕孢属之一种

Helminthosporium sp.

【病原主要形态特征】

↘ 显微特征

分生孢子梗丛生于暗色假子座，长 204.0 ～ 1081.0μm，内壁芽生孔出式产孢。分生孢子单生，倒棒形，直或略弯，向顶端渐尖细，大小为[53.0~86.0(~94.5)]μm×(10.0~19.0)μm，浅褐色、多隔，孢子基部瘢痕明显。

Helminthosporium sp. 的假子座、分生孢子梗

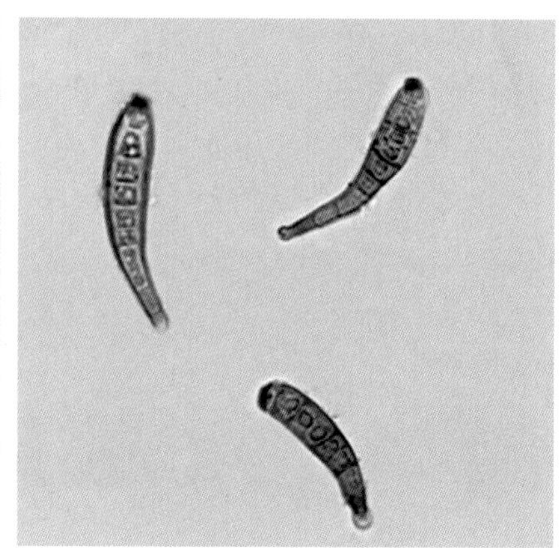

Helminthosporium sp. 的分生孢子

【病害发生发展规律】

长蠕孢属多数种腐生于树木枯枝上，但有少数种可引起植物病害，如绒长蠕孢可生于多种林木的枝干上。本书所述的长蠕孢 3 个已知种和 1 个未知种引起的枯枝明显，因未经科赫法则验证，这些长蠕孢是否为核桃枯枝的病原菌，有待进一步研究。

核桃溃疡病

群生小穴壳

Dothiorella gregaria Sacc.（无性态）

葡萄座腔菌

Botryosphaeria dothidea (Moug:Fr.) Ces. et de Not.（有性态）

小穴壳属 *Dothiorella* Sacc. 隶属于有丝分裂孢子类群 Mitosporic Fungi，产分生孢子器的腔孢菌。

葡萄座腔菌属 *Botryosphaeria* Ces. et de Not. 隶属于子囊菌门 Ascomycota 子囊菌纲 Ascomycetes 座腔菌亚纲 Dothideomycetidae 座腔菌目 Dothideales 葡萄座腔菌科 Botryosphaeriaceae。

【病害症状】

发病初期，枝干出现红褐色或紫黑色、近圆形病斑，渐扩展为梭形或不规则形，病皮皱缩、失水干枯，局部破裂形成溃疡斑，其上散生的小黑点，为病原菌的子座。病斑扩大环绕树干后，可全株枯萎。

病害症状

【病原主要形态特征】

➘ 显微特征

有性态：子座明显，大小为[(220.0~)300.0~1035.0]μm×(170.0~300.0)μm；假囊壳聚生，初埋生于子座，后突破子座外露，近球形，有的具喙，假囊壳大小为[(80.5~)109.0~280.0(~350.0)]μm×[(75.0~)100.0~270.0]μm。子囊棍棒形，无色；子囊孢子椭圆形，大小为[(12.5~)20.0~25.0(~30.0)]μm×[(5.0~)7.0~12.5]μm，单胞，无色。

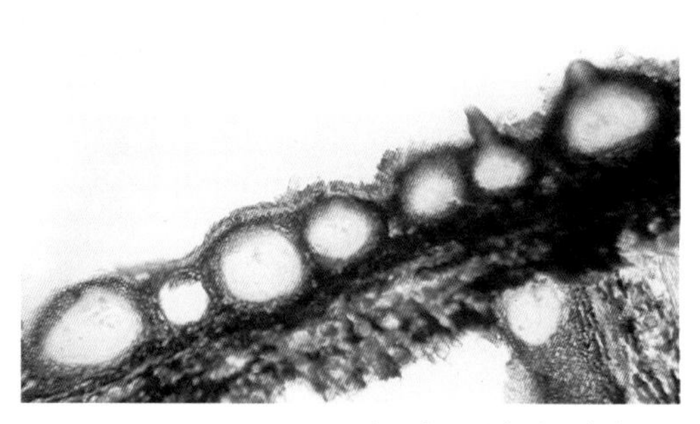

Botryosphaeria dothidea 的子座和群生的假囊壳

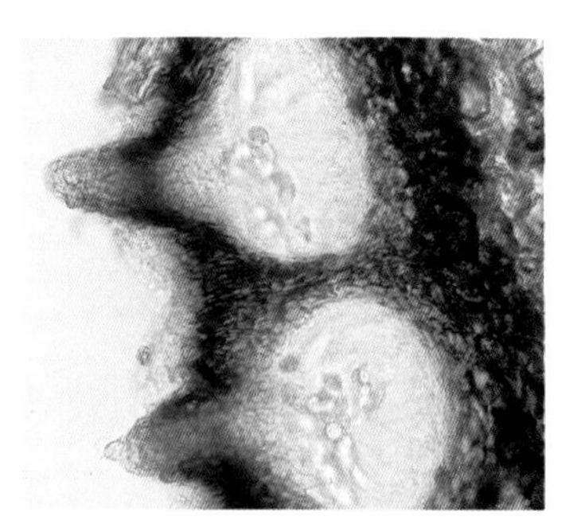

Botryosphaeria dothidea 的假囊壳、子囊孢子

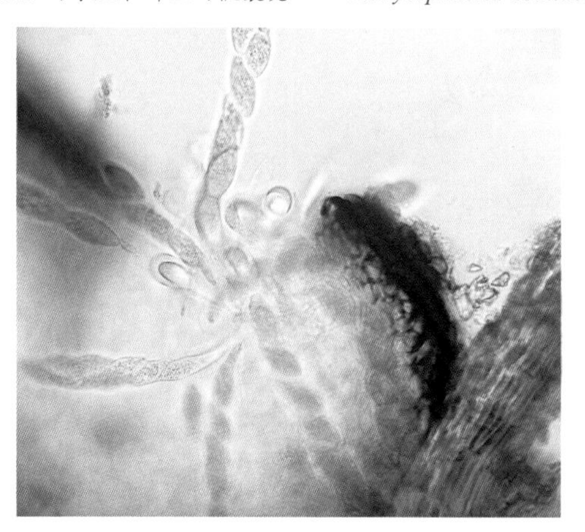

Botryosphaeria dothidea 的子囊和子囊孢子

无性态：子座大小为(230.0~650.0)μm×(190.0~310.0)μm；分生孢子器球形、近球形，大小[(45.0~)100.0~280.0(~380.0)]μm×[(25.0~)100.0~250.0(~357.0)]μm，多个聚于子座中。分生孢子梗短，分生孢子梭形、长椭圆形，大小为[(10.0~)15.0~25.0(~31.0)]μm×(4.0~7.5)μm，单胞，无色。

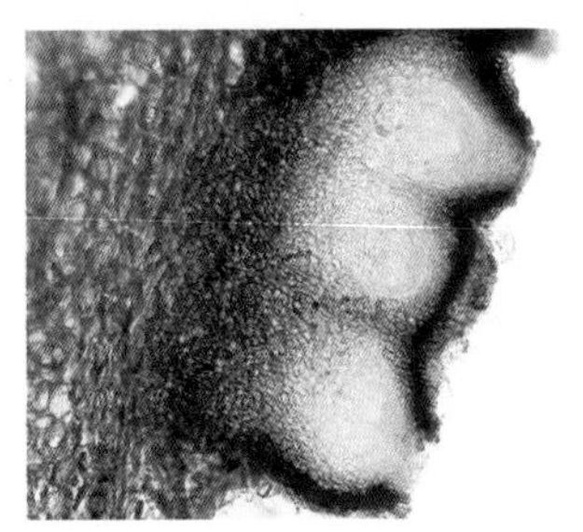
Dothiorella gregaria
的子座和群生的分生孢子器

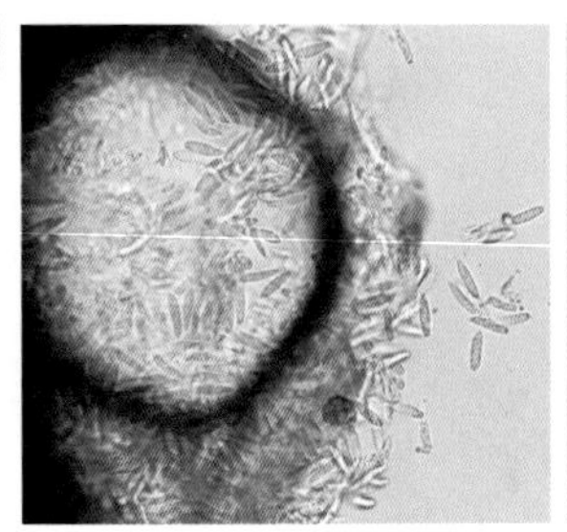
Dothiorella gregaria
的分生孢子器、分生孢子

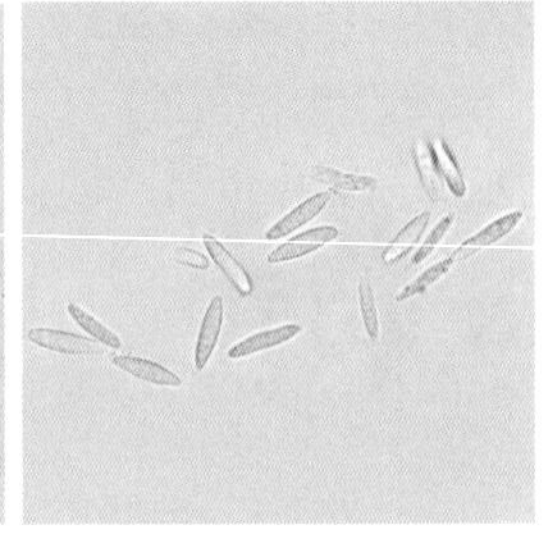
Dothiorella gregaria
的分生孢子

培养性状

菌落绒状，白色，靠平板部分色暗，后期产黑色突起物，为群生小穴壳的子座和分生孢子器；菌落背面黑色，培养基平板不变色。

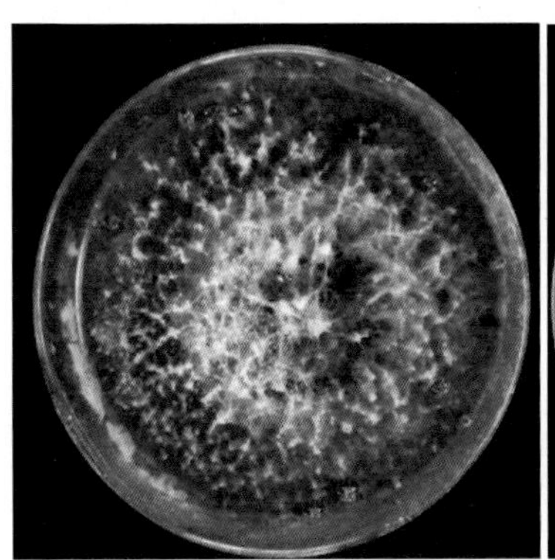
菌落

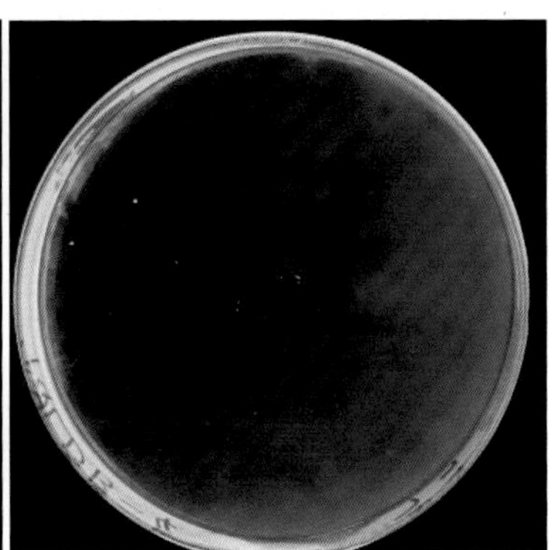
菌落背面

【病害发生发展规律】

病原菌以分生孢子器和假囊壳在病枝上越冬。次年春季，孢子成熟后借风雨传播，从伤口或自然孔口侵入，经潜伏侵染表现症状，并在初夏进入发病高峰。分生孢子可重复产生，并重复侵染，入秋后可出现第二次发病高峰。

立地条件差、管理粗放及受其他病虫害危害的核桃园发病较重。

核桃烂皮病

胡桃壳囊孢

Cytospora juglandina Sacc.（无性态）

黑腐皮壳属之一种

Valsa sp.（有性态）

壳囊孢属 *Cytospora* Ehrenb ex Fr. 隶属于有丝分裂孢子类群 Mitosporic Fungi，产分生孢子器的腔孢菌。

黑腐皮壳属 *Valsa* Fr. 隶属于子囊菌门 Ascomycota 子囊菌纲 Ascomycetes 粪壳亚纲 Sordariomycetidae 间座壳目 Diaporthales 黑腐皮壳科 Valsaceae。

【病害症状】

幼树受害，出现略肿胀的梭形病斑，可挤压出带酒糟味的液体；病皮渐变红棕色，有时呈橘红色，后失水下陷，出现黑色颗粒状突起，为病原菌的假子座和分生孢子器，潮湿时从假子座溢出橘红色的分生孢子角。病斑后期皮层纵裂并流出黏稠状黑水，有时可产生其有性态。

病害症状

【病原主要形态特征】

➘ 微观特征

无性态：假子座直径 400.0~1000.0μm；分生孢子器埋生其中，腔室形，

大小为 (550.0~640.0)μm×350.0μm；分生孢子梗长 10.0~15.0μm，宽 1.0~1.5μm，整齐排列于孢子器内壁；分生孢子腊肠形，大小为 (4.5~7.5)μm×(1.0~1.5)μm，单胞，无色。

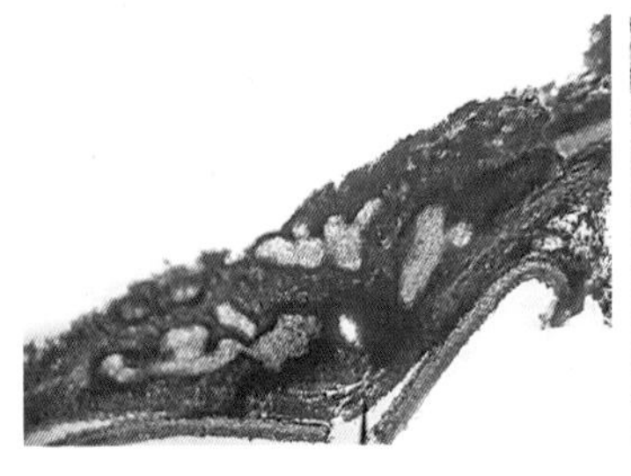
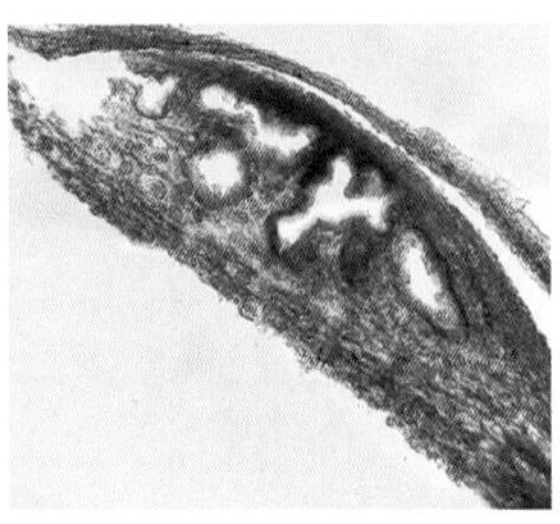

Cytospora juglandina 的假子座、分生孢子器

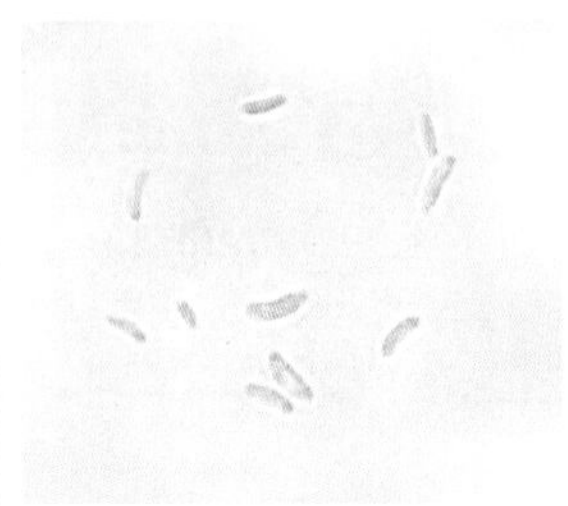

Cytospora juglandina 的分生孢子

有性态：子囊壳埋生于假子座，具长颈且长颈聚生。子囊棒形，无色，基部有柄，但易消解，未找到成熟的子囊孢子。

Valsa sp. 的假子座、子囊壳

【病害发生发展规律】

病原菌以菌丝体、假子座（含分生孢子器或子囊壳）在病部越冬。次年春，环境条件适合，分生孢子或子囊孢子经风雨或昆虫传播，常从伤口处侵入，随树液流动蔓延。生长期内，分生孢子多次产生并重复侵染。

管理粗放的种植园，受冻害或其他病虫危害的植株发病较重。

膏药病

茂物隔担耳

Septobasidium bogoriense Pat.

隔担菌属 *Septobasidium* Pat. 隶属于担子菌门 Basidiomycota 锈菌纲 Pucciniomycetes 隔担菌目 Septobasidiales 隔担菌科 Septobasidiaceae。

【病害症状】

病枝干表面产近圆形的膜片状物，平伏，似膏药，中部褐色，边缘浅褐色或灰白色，为病原菌的菌膜或担子果。后期膜片状物常开裂，变为灰白色且凹陷。担子果平伏、革质。

病害症状

【病原主要形态特征】

担子果基层菌丝层较薄，其上由褐色菌丝组成直立的菌丝柱，柱上部与子实层相连。子实层中产生的原担子（下担子）球形或近球形，原担子上再产生长形或圆筒形的担子（上担子）。

【病害发生发展规律】

病原菌常与蚧壳虫共生，菌体以蚧壳虫的分泌物为养料，蚧壳虫则借菌膜覆盖得以保护，加重对树体的危害。病原菌以菌膜在枝干上越冬，次年条件适宜时，产担孢子，经风雨传播到健康植株。因此，蚧壳虫危害严重的种植园，膏药病也严重。此外，通风透光条件差的地方发病亦严重。

炭疽病

盘长孢状刺盘孢

Colletotrichum gloeosporioides Penz.（无性态）

刺盘孢属（即炭疽菌属）*Colletotrichum* Corda 隶属于有丝分裂孢子类群 Mitosporic Fungi，产分生孢子盘的腔孢菌。

【病害症状】

病枝皮部变黑，病斑凹陷，后期出现点状物，为病原菌的分生孢子盘。幼嫩的侧枝更易发病。

病害症状

【病原主要形态特征】

➘ 显微特征

分生孢子盘散生，有时盘内可见暗色刚毛，分生孢子呈圆柱形、椭圆形，单胞，无色。显微计测数据和形态显微图见前文叶部病害炭疽病的病原形态部分。

【病害发生发展规律】

病原菌以菌丝体和分生孢子盘在病枝、枯枝上越冬，次年春天，分生孢子成熟飞散，行初侵染。核桃树生长期，分生孢子重复再侵染，以幼嫩侧枝发病为重。

丛枝病

类菌原体

Mycoplasma like Organism

【病害症状】

发病植株新梢顶部的叶畸形，叶形变小，叶缘上卷，发病枝梢萎缩、卷曲，发病严重的植株，新梢丛生，病枝节数增多，延伸较长，病枝的侧枝丛生，节间缩短，成丛生状、扫帚状的无叶枝群。秋后病枝多数枯死。

病害症状

【病原主要形态特征】

类菌原体，是介于病毒和细菌之间的多形态质粒。无细胞壁，仅以厚度约 10.0nm 的膜所包围。形状多样，大多为椭圆形至不规则形，一般直径为 150.0 ～ 1000.0nm。

【病害发生发展规律】

从枝病的病原是一种线状病毒，可以通过嫁接、伤口及花粉传播，在自然界通过媒介昆虫传播。发病初期，多从一个或几个大枝及根蘖开始，有时也会全株同时发病。症状表现由局部扩展到全株，是一种系统性侵染病害。全树发病后，小树 1 ～ 2 年，大树 3 ～ 5 年，即可死亡。

活立木腐朽

裂褶菌

Schizophyllum commune Fr.

裂褶菌属 *Schizophyllum* Fr. 隶属于担子菌门 Basidiomycota 担子菌纲 Basidiomycetes 伞菌目 Agaricales 裂褶菌科 Schizophyllaceae。

【病害症状】

在核桃活立木枝条和主干长出丛生担子果，枝干皮部开裂。

病害症状

【病原主要形态特征】

担子果幼时呈杯状，成熟后菌盖呈扇形、贝壳形，直径 1.0 ～ 4.0cm，边缘裂瓣状。盖面白色、灰白色，被有细密绒毛。子实层体为假菌褶，从基部辐射而出，干燥时，从中缝裂开并反卷。担孢子长椭圆形，大小为 (5.0~8.0)μm×(2.0~3.0)μm，单胞，无色，壁平滑。

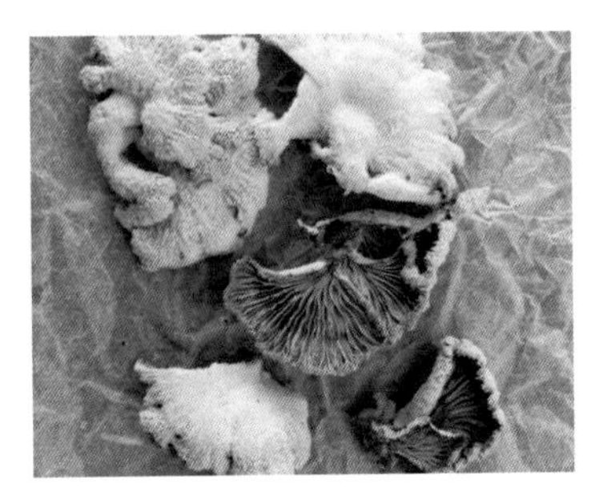

Schizophyllum commune 的担子果

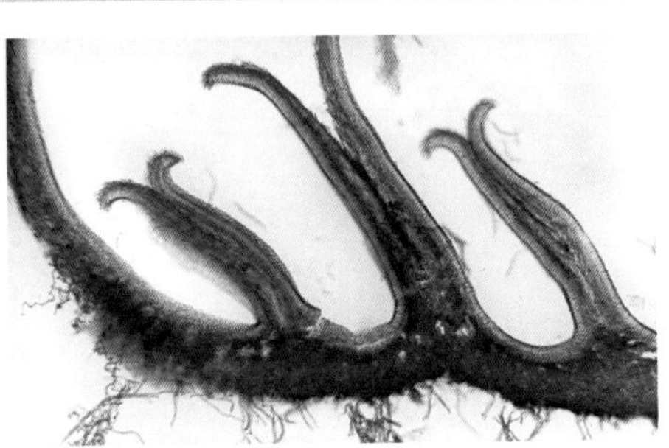

Schizophyllum commune
担子果纵切面（假菌褶、担子子实层）

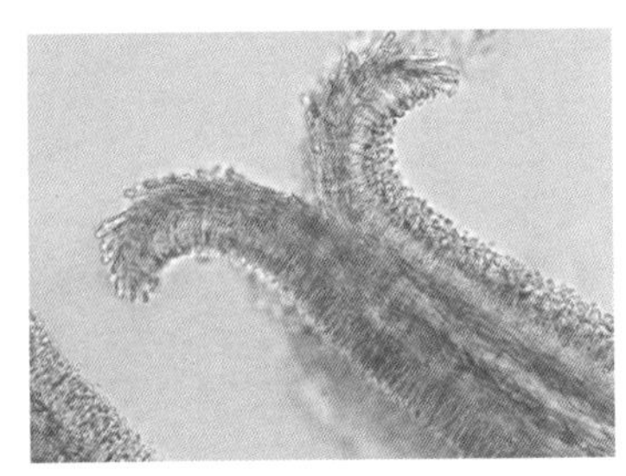

Schizophyllum commune 的假菌褶和担子子实层

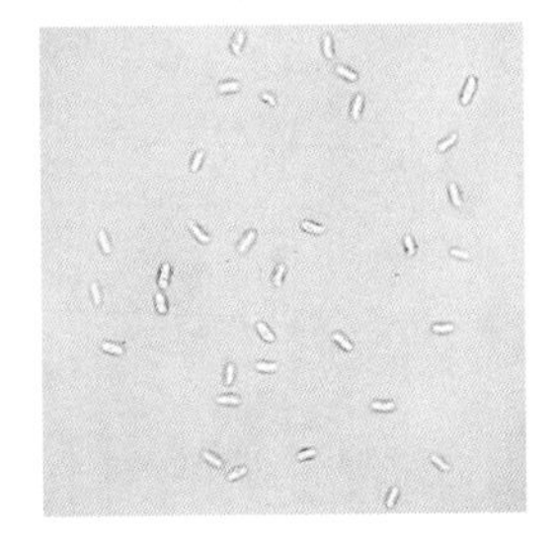

Schizophyllum commune 的担孢子

【病害发生发展规律】

裂褶菌分布广泛，据报道，多生于阔叶树和针叶树的枯枝及腐木上。但在核桃种植园偶见发生于活立木的枝条上。由于病状不明显，当担子果长出时，估计枝条内部已受害多时，其担孢子为侵染源。

木耳

Auricularia auricula (L.) Underw.

木耳属 *Auricularia* Bull. ex Merarc 隶属于担子菌门 Basidiomycota 担子菌纲 Basidiomycetes 木耳目 Auriculariales 木耳科 Auriculariaceae。

【病害症状】

在核桃活立木的树干上长出丛生担子果，枝干皮部裂开。

Auricularia auricula 的担子果

【病原主要形态特征】

担子果耳状、杯状或浅圆盘状，宽 3.0 ～ 10.0cm，厚约 2.0mm，边缘略呈波浪状，不孕面具极细的绒毛，丛生于核桃枝干上，子实层体平滑、下凹，初为浅褐色，后呈黑褐色，湿润时质地柔软、胶质、有弹性，呈半透明状，干燥后收缩变硬。

担孢子圆柱形、腊肠形，大小为 (9.0~16.0)μm×(5.0~7.0)μm，单胞，无色，平滑。

毛栓菌

Trametes hirsuta (Wulf.: Fr.) Pilat

栓菌属 *Trametes* Fr. 隶属于担子菌门 Basidiomycota 担子菌纲 Basidiomycetes 多孔菌目 Polyporales 多孔菌科 Polyporaceae。

【病害症状】

在核桃活立木主干、大分枝及活树桩上长出覆瓦状着生的担子果，逐渐引起枝干枯萎、死亡。

病害症状

【病原主要形态特征】

担子果一年生，无柄，软木栓质。菌盖半圆形，贝壳状或扇形，常覆瓦状排列，大小为(0.5~7.0)cm×(1.5~10.0)cm，厚2.0～10.0cm，表面具绒毛，浅黄色、灰白色，有同心环纹或环沟。菌管不等长，孔面淡白黄色，孔口多角形、略圆形。

担孢子圆柱形、腊肠形，大小为(5.5~8.0)μm×(1.5~2.5)μm，单胞，无色，平滑。

【病害发生发展规律】

据报道，毛栓菌是严重危害阔叶树倒木的木材白色腐朽菌，少数生于针叶树，但核桃园受该菌侵染的病树为活立木，病枝上的小枝尚有青枝绿叶。

木腐菌通常在侵染危害立木、倒木、腐木，并引起腐朽一段时间后才长出担子果。此时，树木的外表上往往看不到受侵染的表现，只有伐倒立木才看得到木材的腐朽状况。

层迭树舌

Ganoderma lobatum (Schw.) Atk.

灵芝属 *Ganoderma* P. Karst. 隶属于担子菌门 Basidiomycota 担子菌纲 Basidiomycetes 多孔菌目 Polyporales 灵芝科 Ganodermataceae。

【病害症状】

在核桃主干上部及大分枝长出担子果若干，逐渐引起枝干枯萎、死亡。

【病原主要形态特征】

担子果多年生，无柄，新菌盖生于老菌盖下侧，故菌盖层叠，菌盖表面的皮壳呈灰褐色，无似漆样光泽，具同心环纹，边缘钝，完整；菌肉为浅黄色、褐色，菌管多层，褐色至深褐色，孔面浅褐色、灰白色至淡黄色，孔口近圆形，4～5个/mm。

三系菌丝系统，具骨架——缠绕丝；担孢子卵形、椭圆形，大小为(9.0~10.0)μm×(5.0~7.0)μm，一端平截，单胞，浅褐色，具双层壁，外壁无色、平滑，内壁褐色、有刺。

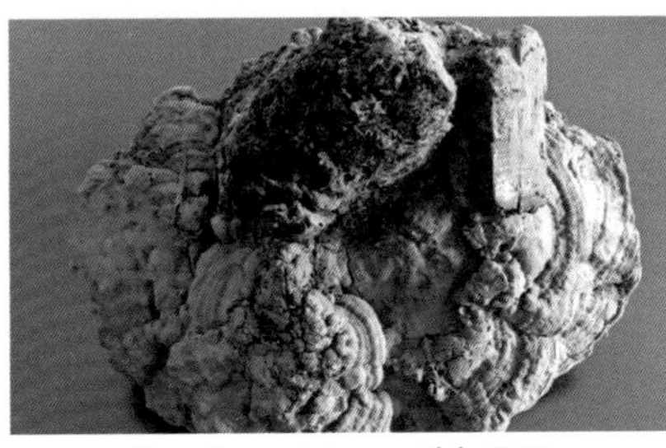

Ganoderma lobatum 的担子果

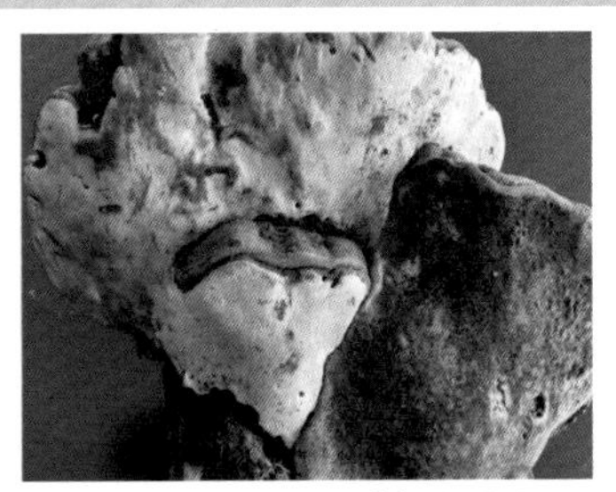

Ganoderma lobatum 的担子果孔面

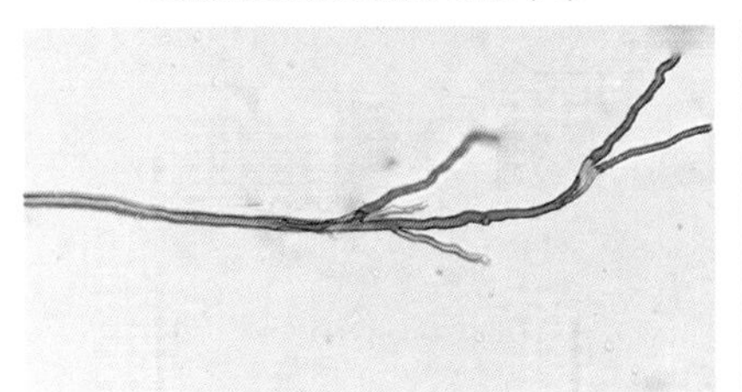

Ganoderma lobatum 的骨架——缠绕丝

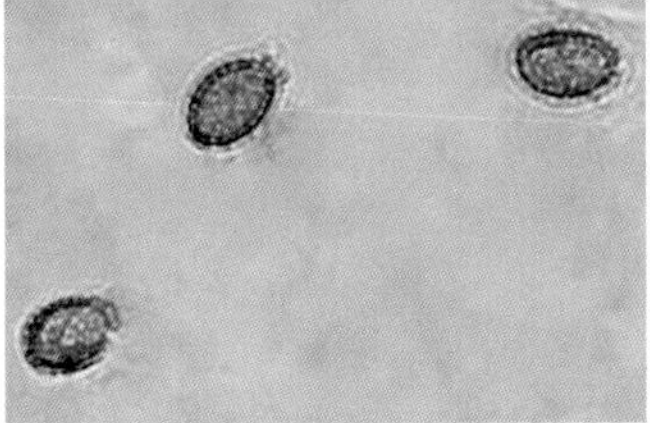

Ganoderma lobatum 的担孢子

核桃寄生害

【病害症状】

病症明显，为寄生性种子植物的植株。由于寄生从核桃植株不断吸取水分和无机盐类，且破坏输导组织，致使核桃枝条生长缓慢，叶片稀疏，逐渐黄化。多株寄生时，核桃全株生长衰弱，很少开花结果。

槲寄生

Viscus album L. var. *meridianum* Danser

【病原主要形态特征】

小灌木，高约50.0cm，枝条圆柱形，二叉分枝，黄绿色，粗可达6.0mm，叶片倒卵形，对生，叶柄短。雌雄异株，枝条顶部或分枝处可长出伞状花絮，雄花黄色，雌花青白色，浆果椭圆形，内含一粒种子，秋季成熟。

核桃树上长出槲寄生植株

Viscus album 的植株

桑寄生

Loranthus parasitica (L.) Merr.

【病原主要形态特征】

丛生常绿小灌木，高可达100.0cm，小枝粗且脆，根出条发达，嫩枝梢被有黄褐色星状短绒毛。叶椭圆形，对生，具短柄，全缘，幼叶两面被绒毛。两性花，花冠筒状，淡红色，也被毛。浆果椭圆形。

核桃树上长出的桑寄生植株

Loranthus parasitica 的植株

【病害发生发展规律】

槲寄生和桑寄生均为多年生植物，其种子主要靠鸟类传播，即使被鸟类吞食，经消化道后，仍不丧失活力。只要有合适的温度和光线，经鸟排出并黏附于树皮上的种子便可吸水萌发。胚根尖端与寄主接触处形成吸盘，借伤口或体表钻入核桃枝条皮层，深达木质部，次生吸根与核桃的输导组织相连，以吸收水分和养分，胚芽生长成幼苗，发展茎叶。寄生植株在核桃枝干上越冬，开花结实后，每年均产生大量种子，并传播危害。

枝干病害中的复合侵染现象

在研究核桃枝干病害和其病原鉴定过程中，还发现复合侵染现象。例如：

1. 枯枝表皮下，曾同时切到大孢大茎点霉 *Macrophoma macrospora* 与胡桃茎点霉 *Phoma juglandis* 的分生孢子器。

【病害症状】

病皮变红褐色，后长出密聚的点状物，为两种病原菌的分生孢子器。

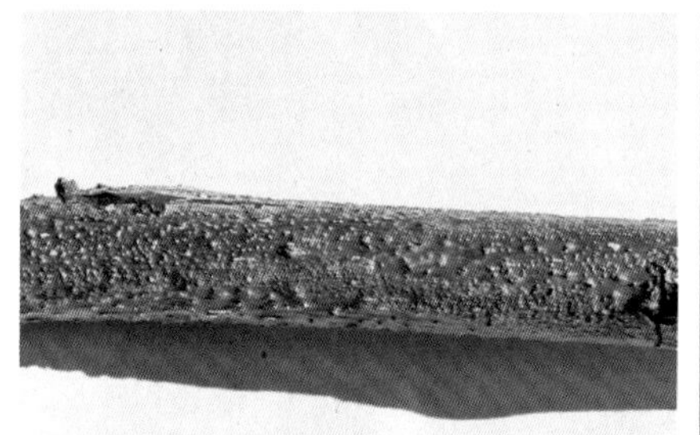

病害症状

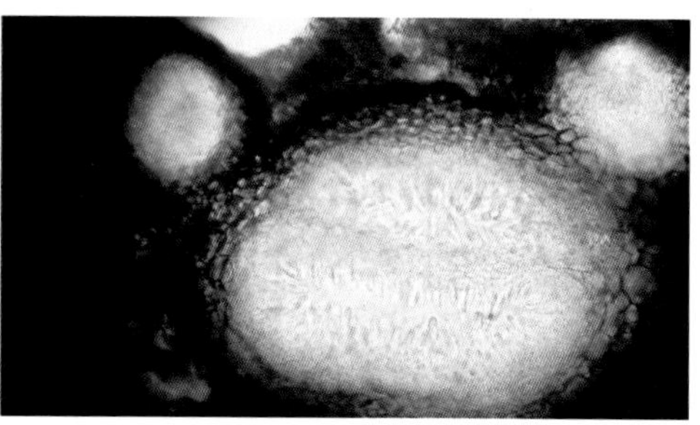

大孢大茎点霉 *Macrophoma macrospora* 与胡桃茎点霉 *Phoma juglandis* 的分生孢子器

2. 胡桃茎点霉 *Phoma juglandis* 与大单孢属之一种 *Aplosporella* sp. 在枯枝同一部位出现。

【病害症状】

病枝皮部呈红褐色，后出现大小不一的点状突起，为病原菌的子座、分生孢子器。

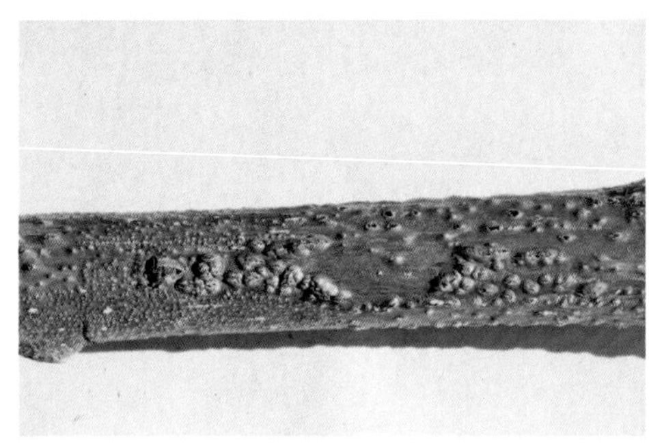

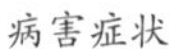

病害症状

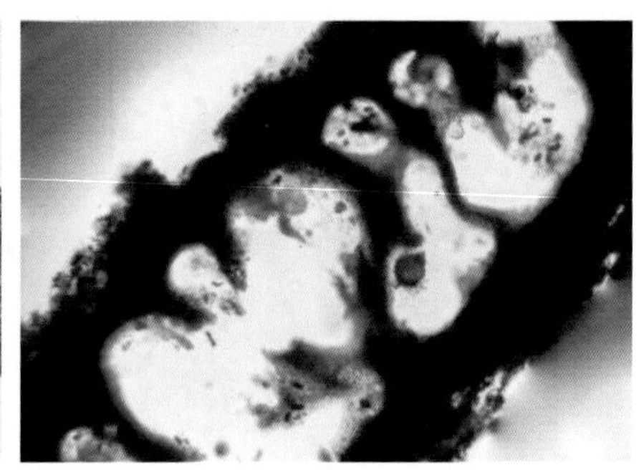

胡桃茎点霉 *Phoma juglandis* 与
大单孢属之一种 *Aplosporella* sp. 的分生孢子器

3. 壳梭孢属之一种 *Fusicoccum* sp. 在枝枯病的病部产生密聚突起物，为其子座和分生孢子器，其附近又长有许多黑色毛状物，为多隔长蠕孢（*H. multiseptatum*）的分生孢子梗，有可能是二者复合侵染。但也不排除，因长蠕孢属真菌通常腐生或为弱寄生菌，也有可能枝条被壳梭孢先行侵染后，长势衰弱，长蠕孢才得以侵染。

病害症状

Fusicoccum sp. 的分生孢子器和
Helminthosporium multiseptatum 的分生孢子梗

此外，在研究果实病害时也发现复合侵染现象。即胡桃囊孢壳 *Physalospora juglandis* 与葡萄座腔菌 *Botryosphaeria dothidea* 可同时侵染同一核桃果实，导致果腐，在腐果同一病斑上，同时切到前者的子囊壳和后者的假囊壳，两种子实体中均已产出各自的子囊孢子。

核桃枝干病害的防控技术

1. 加强监测预警

与叶部病害一样，监测预警是防控枝干病害的关键环节，监测预警工作做得好，病害容易早发现，利于及时采取防控措施，减少经济损失，降低防治成本。

不同监测方法有优点，也有各自的局限，枝干病害的监测方式主要以地面监测为主，人工地面监测可精准识别有害生物种类。可以通过设固定监测样点，定期采集病害数据（如病害种类、感病率、发病面积、严重程度和相关气象因子）进行监测。也可以通过林农生产过程观察发现，观察的重点一是林木长势，是否出现枝条枯萎、新叶发生慢、枯黄、落叶、落果、丛枝或者长有寄生性植物等现象；二是仔细观察主干和侧枝是否有变色的病斑、腐烂、溃疡、开裂等；三是发现不能确诊的病情要及时上报，并请相关专业技术人员分析鉴定。但地面监测不能做到全覆盖，容易漏监，同时费时费工。

大面积枝干病害发生时可以通过无人机开展低空监测，也可通过卫星进行影像监测。卫星监测范围广，适合大面积区域性核桃病害的监测；无人机低空监测面积较大，适合山高坡陡的山地监测。卫星和无人机共同的局限是不能精准识别有害生物。

西南林业大学有害生物研究专家团队经过多年努力开发了林业有害生物智能监测系统，系统通过数据分析、数据挖掘、模型构建实现了天空地数据有效融合分析，实现了大数据多目标智能监测。该系统采用高光谱卫星数据，研究获得多种病害对应波谱数据，通过波谱分析获得多种病害的发生位置、面积、危害程度。该系统无人机实现智能飞行、智能拍照和智能识别，构建了多种病害的影像数据库。团队已在全国 80 多个县构建了固定地面监测样点 1400 多个，开发了供林农和护林员使用的应用程序（APP），建立了庞大的病害样本库，天空地智能监测系统已在云南、四川、贵州、河北、新疆等地开展应用，得到用户较高的评价。

2. 加强管理

加强管理的目的是能做到适地适树，使树木长势良好，避免病害的人为传播。

（1）适地适树。在种植规划中，要根据种植地的土壤、气候条件选择适宜的品种，比如冷凉山区宜选用和培育耐晚霜的品种，干暖河谷宜选用耐旱品种等，北方核桃宜在低海拔种植，南方核桃适宜山区较高海拔种植。即使同一品种在不同地区适宜的海拔也有差异，比如云新 90301 的适栽环境条件为年均温 13.0~15.5℃，年降水量 900cm 以上，年日照时数 2000h 以上土层深厚（1m 以上）、湿润、排水良好的微酸性土壤。在滇南、滇西南的红河、临沧及思茅等地，以选择海拔 1800 ～ 2300m 的南亚热带至南温带广大山区为宜；而在滇西、滇中的大理、玉溪、楚雄、曲靖等地，应选海拔 1700 ～ 2100m 的中亚热带及北亚热带地区种植为宜；在滇西北、滇东北的丽江、中甸、怒江、昭通等地，则以海拔 1600 ～ 2000m 的南温带地区栽培较好。

（2）苗木管理。苗木或穗条调运要严格检疫，避免带病的苗木和穗条人为远距离传播；苗木选用优质壮苗，种植时施足底肥，放苗端正，根系舒展，深浅适度，浇透定根水，覆盖地膜增温保湿。

（3）水肥管理。种植后的当年旱季补充浇水 2 ～ 3 次，成活后有条件的地方在每年核桃开花前灌水 1 次。每年秋末冬初对种植地深翻一次，松土除草 1 ～ 2 次。秋末采果后施有机肥，生长期 5 月和 7 月中旬追施复合肥 1 次，水肥用量根据树体大小长势确定，确保核桃树势强壮，有利于对病害发挥抗性。

（4）修剪管理。修枝整形是核桃树管理的常态化工作，修枝整形要在树木休眠期进行，避免严重伤流，重点修剪徒长枝、病害枝、衰老枝，修枝整形时要注意伤口平滑，造成伤口后涂抹伤口愈合剂。伤口愈合剂主要是石灰膏油脂以及杀菌成分，配合促进生长的营养物质，可在保证封闭伤口、避免感染的同时，通过促生长成分达到快速愈合目的。修剪下的枝条要及时清出果园，及时处理避免病菌传播。修剪管理还需要注意园内的通风透光，过密的枝条要及时剪除，有利于营建不利于病害发生的小环境。

3. 枝干病害的药剂防治

同叶部病害一样，枝干病害防治也要贯彻“预防为主，综合治理”的方针。要积极开展预防工作，除了上述提及的检疫预防，选择抗性强的品种，水肥管理增强树势，修剪管理改善小环境外，还要加强药剂防治。

（1）冬季树干涂白。冬季对核桃树干进行涂白，防止冻伤和日灼伤。涂白剂的主要成分是石硫合剂原液、食盐、生石灰、油脂、水，也可根据不同果园病虫情况增加一些杀菌剂和杀虫剂，但是注意所使用的杀虫剂和杀菌剂要适应碱性环境。

（2）保护剂或者诱抗剂。春季萌芽期结合叶部病害治理，也可在树干上喷施保护性杀菌剂，控制树干表面的越冬病原菌。

（3）治疗方法。

①真菌性枝干病害。

真菌性枝干病害药剂治疗的方法是先刮除病部树皮，然后在病部涂抹含有内吸性杀菌剂的伤口愈合剂，或者用1%硫酸铜进行伤口消毒后，用50%福美双可湿性粉剂30～50倍液或波美5度石硫合剂涂刷。如果是较小枝条发病，可以剪除枝条并涂抹伤口愈合剂。对于一些结果良好，价值高的大树、古树可以采用树干注射方式施药，可选用内吸性杀菌剂。如甲氧基丙烯酸酯类、甾醇生物合成抑制剂类、苯酰胺类、有机磷类、苯并咪唑类、二甲酰亚胺类等。苯并咪唑类杀菌剂包括多菌灵、甲基托布津和苯来特等；二甲酰亚胺类包括菌核净、乙烯菌核利和速克灵等；有机磷类包括定菌磷、稻瘟净和异稻瘟净等；苯酰胺类包括甲霜灵、苯霜灵和恶霜灵等；甾醇生物合成抑制类主要包含三唑类、咪唑类和嘧啶类；甲氧基丙烯酸酯类包括嘧菌脂、醚菌脂和苯氧菌胺等。

病害发生期用70%甲基硫菌灵可湿性粉剂800～1000倍液，或45%代森铵水剂800～1000倍液+50%多菌灵可湿性粉剂500～800倍液，或70%代森锰锌可湿性粉剂800～1000倍液+50%异菌脲可湿性粉剂800～1000倍液，间隔15天喷1次，共喷2～3次，以上药剂应交替使用。

②类菌原体丛枝病。

核桃丛枝病是一种类菌原体引起的病害，目前尚不清楚其传播媒介昆虫，但是嫁接或者枝剪是明确可传病的介质，为此核桃丛枝病的防治可参考枣树丛枝病的防治方法进行：

a. 选用无病健壮苗木造林，避免用感病的穗条和砧木生产苗木。远距离调运苗木时要加强检疫，避免病害远距离传播。

b. 已发病的树，根据病情轻重，区别对待，即初发病和病轻的树，剪除病枝，减少病源，控制病情的加重，对全枝尚未表现症状但已有病芽者应及时切掉病芽，以免蔓延。

c. 药剂防治可用盐酸四环素液（或盐酸土霉素液）注射法。用一般医用四环素片（或土霉素片，0.25单位/片）4片，研成粉末。取水25～30mL，加入

1mL 盐酸，再放入粉末，摇匀，溶解后定容到 100mL，摇匀备用。使用时先用配好的药液喷病枝，再在病枝上采用打吊针方法缓缓注入配好的药。

d. 根部处理。在病枝下方对应的根上注射配好的药液，还可用盐水浇根法。用 1% ~ 3% 的盐水浇根，这是群众常用的土方法（尚不能确定效果）。

③寄生性种子植物的防治。

危害核桃的寄生性种子植物主要有槲寄生和桑寄生。

对寄生性种子植物目前尚无很好的药剂治疗，但是可以通过如下方法降低或者减小对核桃的危害：

a. 一旦发现寄生性种子植物的植株，应连同被侵染枝条立即切除，同时切除寄生根延伸到的枝条。

b. 利用不同浓度的 40% 乙烯利水剂对寄生植物进行阶段性喷施防治。比例为 1 ∶ 200 的 40% 乙烯利水剂对槲寄生花期、果期防效最佳；利用柴油作为溶剂配制不同浓度的 40% 乙烯利油剂对矮槲寄生花期、果期进行喷施，发现 1 ∶ 200 的 40% 乙烯利油剂具有更显著的防效。

c. 硫酸铜液，2, 4-D 液打孔注药对寄生性种子植物也有一定防效。

核桃果实主要病害

核桃果实病害也是核桃的重要病害。核桃果实遭受病原微生物侵染后，最直接的影响就是落果，果实难以成熟，果仁干瘪，使核桃产量和品质均受到不同程度的影响。

本研究发现的果实病害有病原菌 17 种，病原菌侵染后在果实青皮上最初出现褐色病斑，随着病情发展，病斑越来越大，颜色越来越深，最终形成大小形状不一的黑色坏死斑。有的坏死斑只有 $1mm^2$ 左右大小，有的超过 $1cm^2$，有的半个果坏死，也有的全果坏死。有的病斑下陷，甚至形成空洞，有的病斑凸起，有的病斑干缩，也有病斑腐烂，有的表现出青皮开裂或者脱落。总的来说可以形成果腐、炭疽、果裂、青皮皱缩等症状。如果病害发生早，核桃壳来不及木质化，果肉为浆状发黑发臭，有的病害发生晚，核桃壳木质化，果肉全部或者部分干瘪。

果实病害与叶部病害都是在夏季高温高湿环境下容易发生。而且，本研究发现核桃果实病害病原与叶部病害病原和枝干病害病原有较大的一致性，即危害叶片和枝干的病原菌同时也能侵染果实。果实病害传播方式与叶部病害和枝干病害类似，靠病原菌的孢子弹射、雨水溅射、昆虫传播、风传播等。

炭疽病

盘长孢状刺盘孢

Colletotrichum gloeosporioides Penz.（无性态）

围小丛壳

Glomerella cigulata (Stonem.) Spaulding et Schrenk（有性态）

刺盘孢属（即炭疽菌属）*Colletotrichum* Corda 隶属于有丝分裂孢子类群 Mitosporic Fungi，产分生孢子盘的腔孢菌。

小丛壳属 *Glomerella* Spauld. et H. Schrenk 隶属于子囊菌门 Ascomycota 子囊菌纲 Ascomycetes 粪壳亚纲 Sordariomycetidae 小丛壳科 Glomerellaceae。

【病害症状】

感病果实的皮部出现褐色至黑褐色、圆形或近圆形的病斑，中央凹陷，病部有黑色小点产生，有时呈轮状排列，湿度大时可溢出粉红色的分生孢子角。发病严重的果实病斑扩大连片，病部皱缩，全果可发黑腐烂。

病害症状

【病原主要形态特征】

➘ 显微特征

无性态：分生孢子盘散生，直径为 122.0 ~ 244.0μm，黑褐色，盘内有较少的暗褐色刚毛。短小的分生孢子梗密生于盘内，无色，产孢方式为内壁芽生瓶体式（eb-ph）。分生孢子圆柱形，长椭圆形，大小为 (7.5~17.5)μm×(2.5~5.0)μm，单胞，无色。

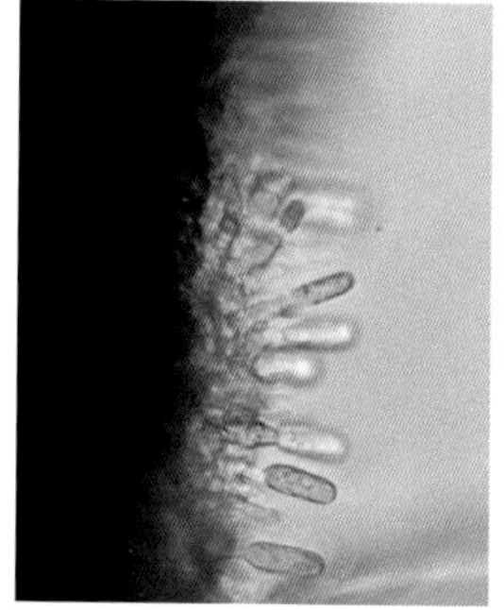

Colletotrichum gloeosporioides 的分生孢子盘、分生孢子梗、分生孢子

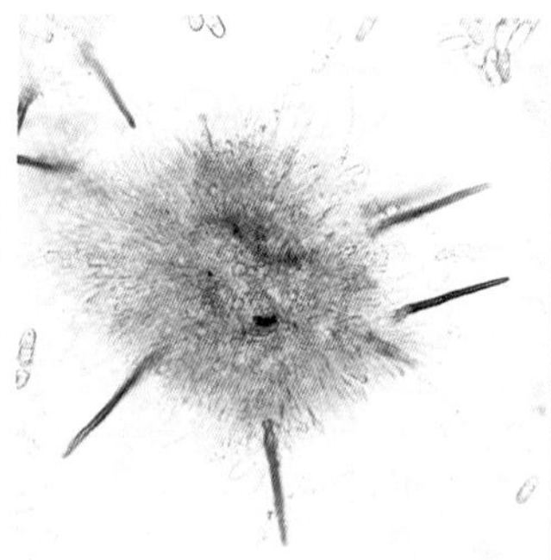

Colletotrichum gloeosporioides 的刚毛、分生孢子梗

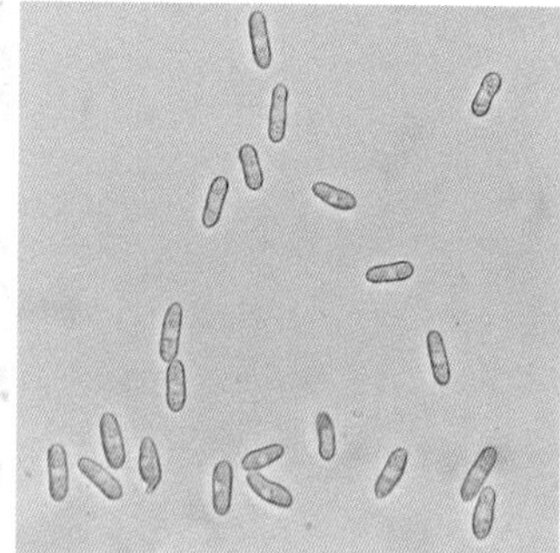

Colletotrichum gloeosporioides 的分生孢子

有性态：子囊壳球形、近球形、瓶形，大小为 (80.0~170.0)μm×(60.0~150.0)μm，常聚生。子囊棒状，大小为 (37.0~50.0)μm×(7.5~10.0)μm，无柄。子囊孢子椭圆形，大小为 (12.5~17.5)μm×(4.0~5.0)μm，单胞，无色。

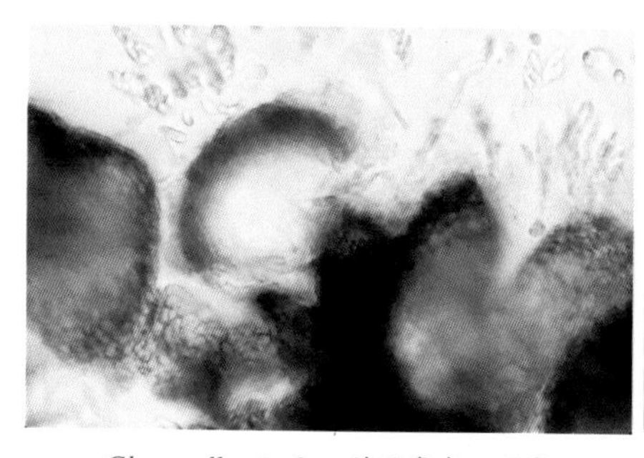

Glomerella cigulata 的子囊壳、子囊

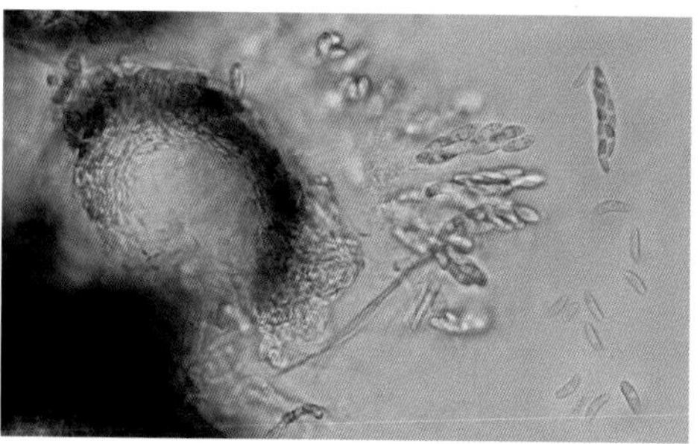

Glomerella cigulata 的子囊壳、子囊、子囊孢子

培养性状

菌落浅褐色，绒状，边缘产黑色小点，为病原菌的分生孢子盘，有时可溢出橘黄色的分生孢子角，后期产子囊壳；菌落背面为黑灰色，有黑色斑点；培养基平板不变色（可参看前文叶部病害炭疽病病原菌的培养照）。

【病害发生发展规律】

病原菌以菌丝体、分生孢子盘或子囊壳在病果及病叶上越冬。次年，孢子成熟，并借风雨传播侵染。果实的炭疽在夏季，降水较集中时发病较重。栽植密度过大 、树冠稠密、通风透光不良的核桃园发病较重，叶部也可受害。

日规壳属之一种

Gnomonia sp.

日规壳属 *Gnomonia* Ces. et De Not. 隶属于子囊菌门 Ascomycota 子囊菌纲 Ascomycetes 粪壳亚纲 Sordariomycetidae 间座壳目 Diaporthales 黑腐皮壳科 Valsaceae。

【病害症状】

病果上有黑色病斑，中央凹陷，严重时，病斑可占全果的一半左右，其上产黑色小颗粒，为病原菌的子囊壳。

病害症状

【病原主要形态特征】

➘ 显微特征

子囊壳球形、近球形，大小为[113.0~147.0(~240.0)]μm×(58.0~139.0)μm，黑色，初埋生于病组织内，后突破外露，具乳突状孔口。子囊棒状，无色，子囊间无侧丝；子囊孢子双行排列，长椭圆形，大小为(10.0~17.5)μm×(4.0~5.0)μm，双胞，无色。

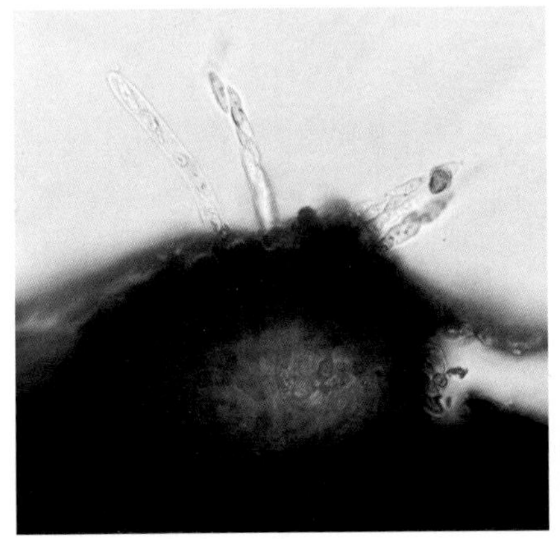

Gnomonia sp. 的子囊壳、子囊、子囊孢子

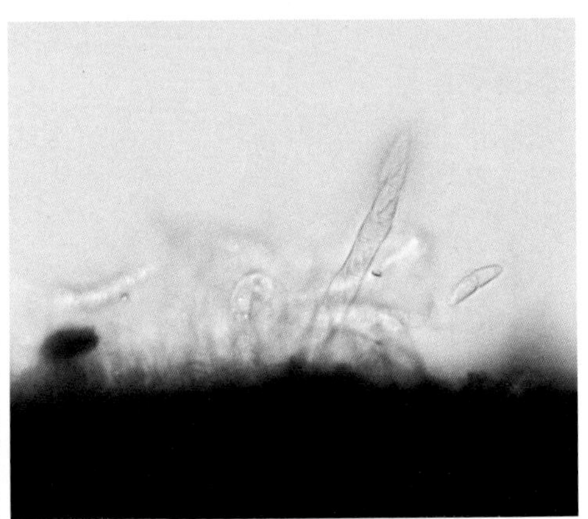

Gnomonia sp. 的子囊、子囊孢子

【病害发生发展规律】

病原菌在病残体上越冬和越夏，秋冬时节形成子囊孢子和分生孢子，成熟释放后经风雨传播，侵染发病。

枯果病

壳梭孢属之一种

Fusicoccum sp.

壳梭孢属 *Fusicoccum* Corda 隶属于有丝分裂孢子类群 Mitosporic Fungi，产分生孢子器的腔孢菌。

【病害症状】

感病果实初期出现褐色的小斑点，后形成较大面积的黄褐色病斑，果皮渐干枯，不规则开裂。

病害症状

【病原主要形态特征】

➘ 显微特征

子座埋生于寄主表皮下，大小为 (214.0~590.0)μm×(122.0~203.0)μm，内埋生不规则形、半圆形、球形的分生孢子器，大小为 [(70.0~)120.0~450.0(~550.0)]μm×[(40.0~)80.0~190(~300)]μm；分生孢子梗圆柱形，少有隔，无色，全壁芽生单生式 (hb-sol) 产孢。分生孢子顶生，梭形，大小为 [(2.5~)5.0~11.0]μm×(2.5~4.0)μm，单胞，无色，有时具油滴。

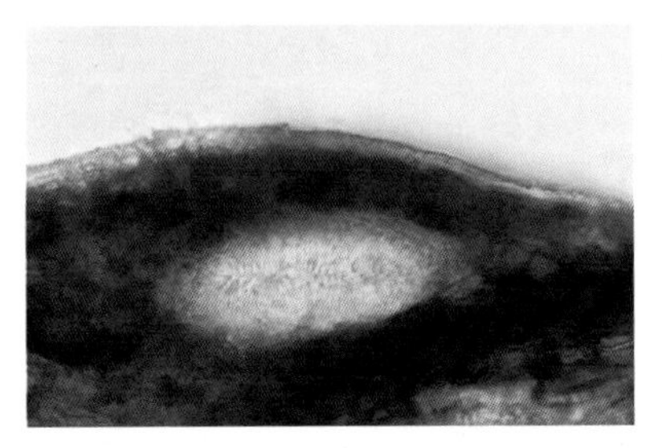

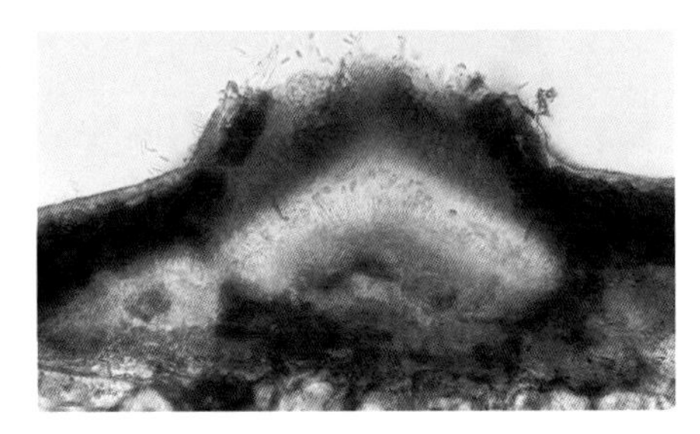

Fusicoccum sp. 的分生孢子器

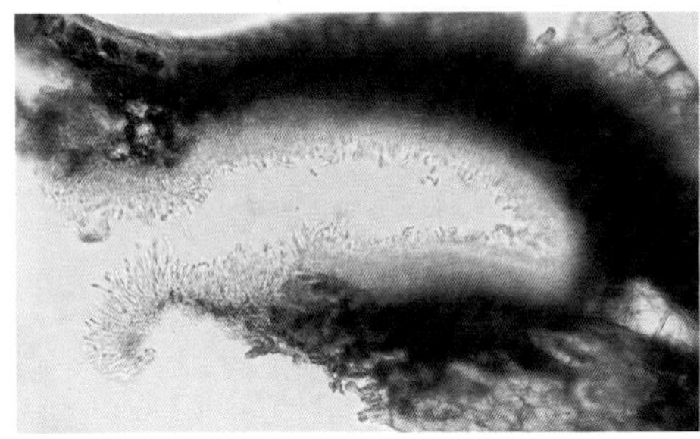

Fusicoccum sp.
的分生孢子器、分生孢子梗、分生孢子

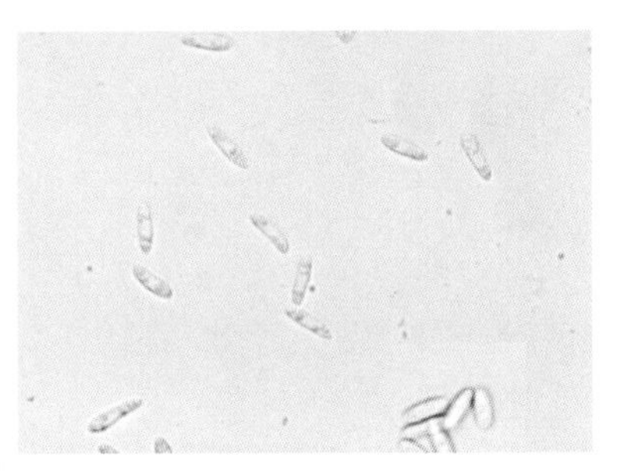

Fusicoccum sp. 的分生孢子

【病害发生发展规律】

病原菌以菌丝体和子座在病残体上越冬。次年春，分生孢子借风雨传播侵染。主要危害枝条，叶片、果实也可受害。

肉色毛孢瘤座霉

Chaetospermum carneum Tassi

毛孢瘤座霉属 *Chaetospermum* Sacc. 隶属于有丝分裂孢子类群 Mitosporic Fungi，产分孢子座的丝孢菌，即瘤座孢菌。

【病害症状】

病果表面局部呈灰褐色，不规则浅裂，病健交界处较明显，遇雨时，病斑上可溢出橙色的分生孢子角。严重时，全果变灰色、黑灰色，干枯，表面出现黑色的小粒点，为病原菌的分生孢子座。

病害症状

【病原主要形态特征】

显微特征

分生孢子座初埋生，后突破寄主表皮，大小为(88.0~176.0)μm×(65.0~138.0)μm，分生孢子梗缺。分生孢子圆柱形，直或微弯，大小为(17.5~27.5)μm×(5.0~6.0)μm，单胞，无色，壁平滑，两端各生有4根附属丝，长为11.0 ~ 12.5μm。

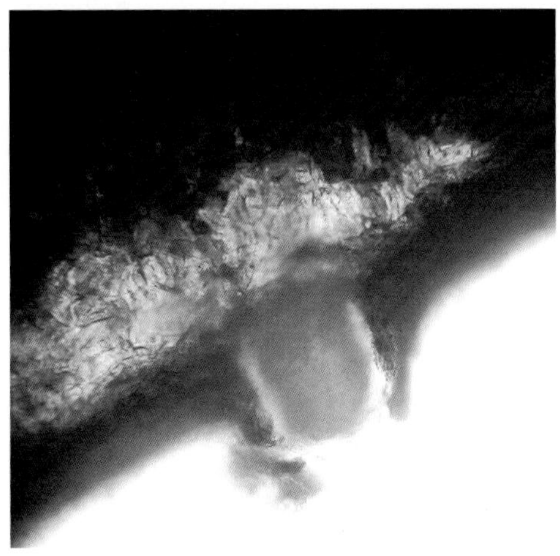

Chaetospermum carneum 的分生孢子座

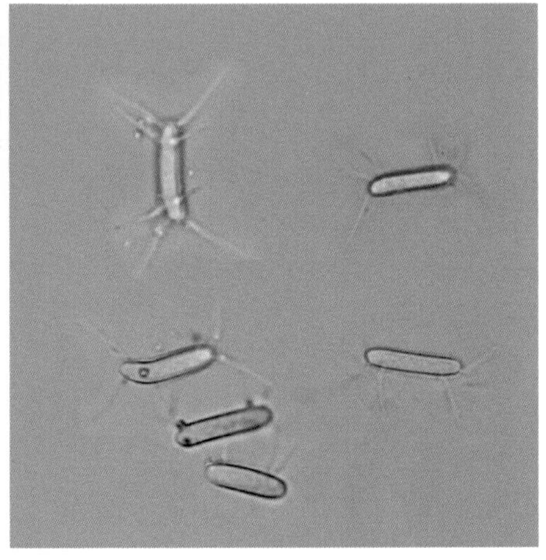

Chaetospermum carneum 的分生孢子（具附属丝）

果腐病

群生小穴壳

Dothiorella gregaria Sacc.（无性态）

葡萄座腔菌

Botryosphaeria dothidea (Moug:Fr.) Ces. et de Not.（有性态）

小穴壳 *Dothiorella* Sacc. 隶属于有丝分裂孢子类群 Mitosporic Fungi，产分生孢子器的腔孢菌。

葡萄座腔菌属 *Botryosphaeria* Ces. et de Not. 隶属于子囊菌门 Ascomycota 子囊菌纲 Ascomycetes 座腔菌亚纲 Dothideomycetidae 座腔菌目 Dothideales 葡萄座腔菌科 Botryosphaeriaceae。

【病害症状】

感病果实皮部出现紫黑色、近黑色病斑，逐渐扩大并凹陷，其上可见密集的黑色小点，为病原菌的子座和分生孢子器；后期果皮皱裂，密生黑色小颗粒，为病原菌的子座和假囊壳。

病害症状

【病原主要形态特征】

➘ 显微特征

有性态：假囊壳聚生，初埋生于子座，后突破子座外露，近球形，有的具喙，大小为(100.0~175.0)μm×(68.0~150.0)μm。子囊棍棒形，大小为(42.0~57.5)μm×(7.5~12.5)μm，无色；子囊孢子椭圆形，大小为[(12.5~)20.0~25.0(~30.0)]μm×[(5.0~)7.0~12.5μm，单胞，无色。

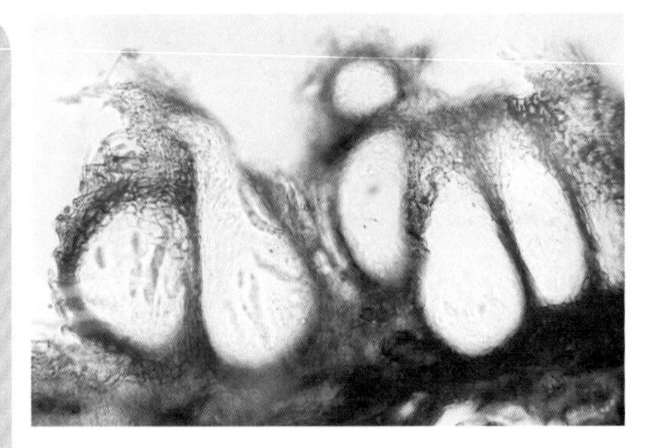

Botryosphaeria dothidea 的子囊壳

无性态：群生小穴壳的分生孢子器球形、近球形，大小为(130.0~230.0)μm×(100.0~200.0)μm，多个聚于子座内。分生孢子梗短，分生孢子梭形、长椭圆形，大小为[17.5~25.0(~30.0)]μm×[6.0~7.5(~8.5)]μm，单胞，无色。

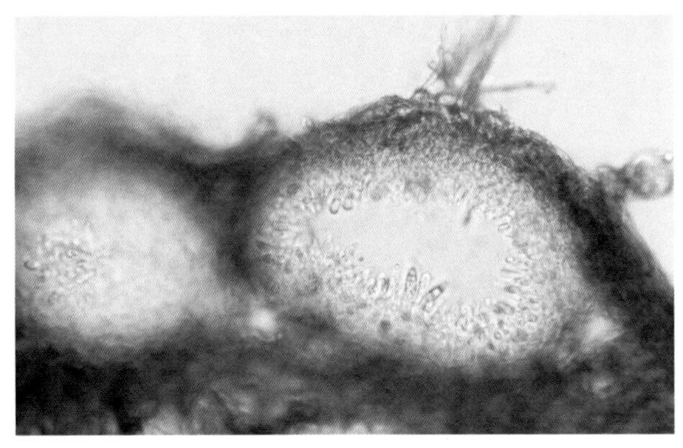

Dothiorella gregaria 的分生孢子器、分生孢子梗和分生孢子

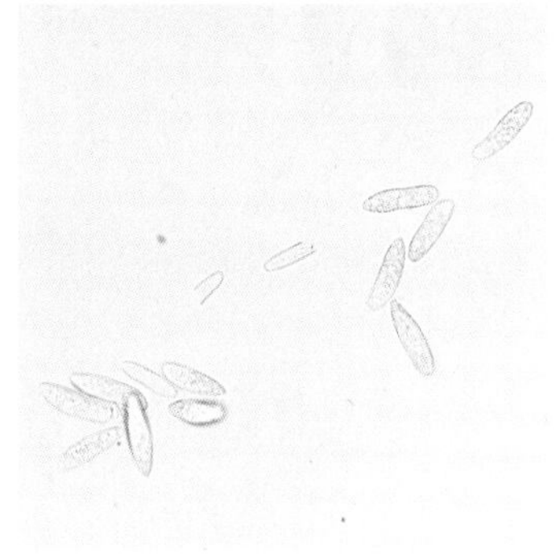

Dothiorella gregaria 的分生孢子

【病害发生发展规律】

核桃园内有由该病原菌所致枝干溃疡病，故病原菌既可在病果、病落果上，也可在病枝干上越冬。次年春，气候适宜时，子囊孢子成熟并传播侵染。分生孢子可作为再侵染源，重复侵染。

大孢大茎点

Macrophoma macrospora (McAlp.) Sacc.et D. Sacc.（无性态）

胡桃囊壳孢

Physalospora juglandis Syd. et Hara（有性态）

大茎点属 *Macrophoma* (Sacc) Berl. et Vogl. 隶属于有丝分裂孢子类群 Mitosporic Fungi，产分生孢子器的腔孢菌。

囊壳孢属 *Physalospora* Niessl 隶属于子囊菌门 Ascomycota 子囊菌纲 Ascomycetes 粪壳菌纲 Sordariomycetidae 炭角菌目 Xylariales 亚赤丛壳科 Hyponectriaceae

【病害症状】

感病初期，通常在果实表皮出现一个红褐色斑点，后斑点扩展成椭圆形或近圆形病斑，中部皱缩、凹陷并开裂，且表生褐色小粒点，为病原菌的分生孢子器。病部皮下组织变软呈黑褐色，周围果皮颜色变浅红褐色。后期病部果皮皱裂、干枯，上密集着生黑色小颗粒，为病原菌的有性态（子囊壳）。

病害症状

【病原主要形态特征】

➘ 显微特征

无性态：分生孢子器近球形、扁球形，埋生于感病组织，后可突破寄主表皮，大小为 (123.0~255.0)μm×(100.0~180.0)μm；分生孢子梗较短；分生孢子椭圆形、梭形，大小为 (16.5~25.0)μm×(5.0~7.5)μm，单胞，无色。

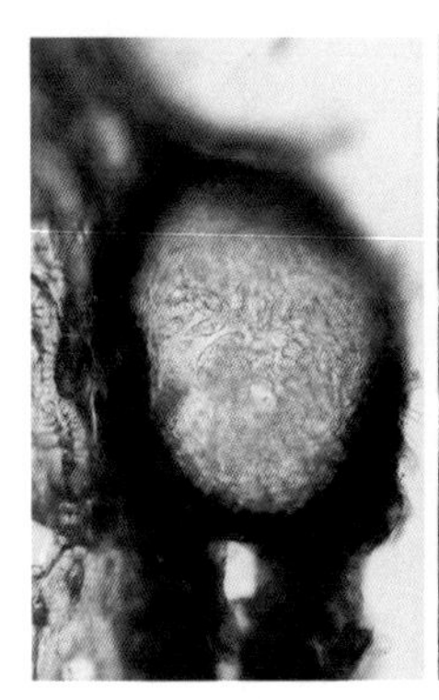
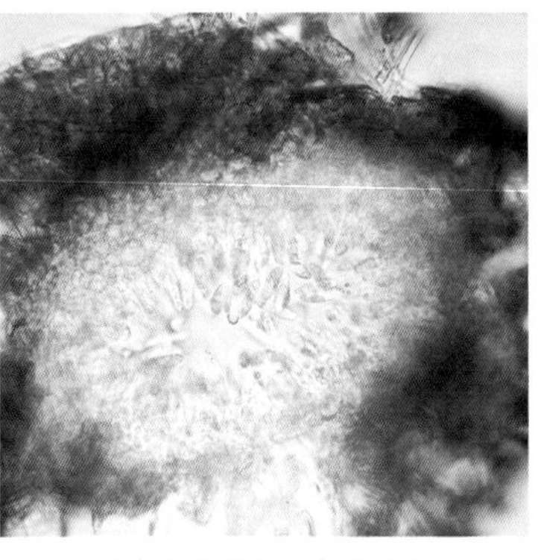
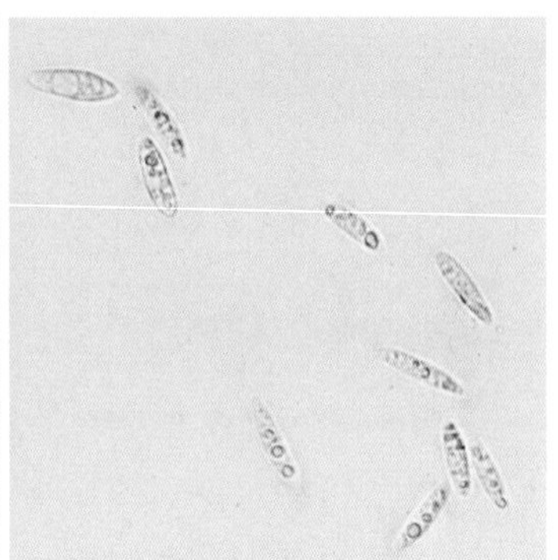

Macrophoma macrospora 的分生孢子器、分生孢子　　*Macrophoma macrospora* 的分生孢子

有性态：子囊壳球形，大小为 (130.0~165.0)μm×(72.0~93.0)μm，黑色，单生或群生，初埋生，成熟后突破寄主表皮外露。子囊棒状，(42.0~80.0)μm×(7.0~13.0)μm，无色。子囊孢子梭形、椭圆形或卵形，大小为 (9.0~20.0)μm×(4.0~7.5)μm，单胞，无色或淡黄色，中部略弯，具油球。

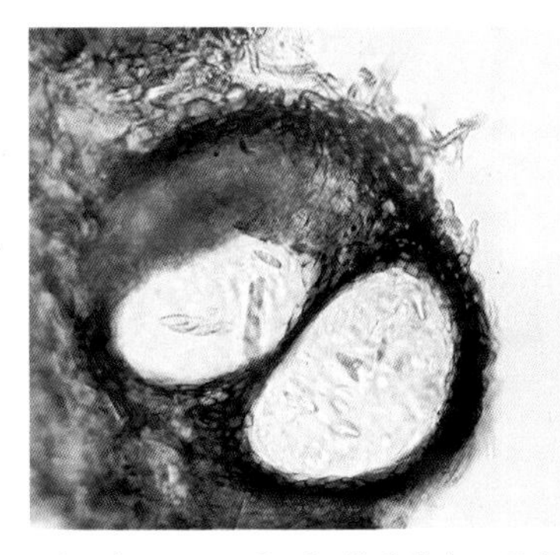

Physalospora juglandis 的子囊壳、子囊

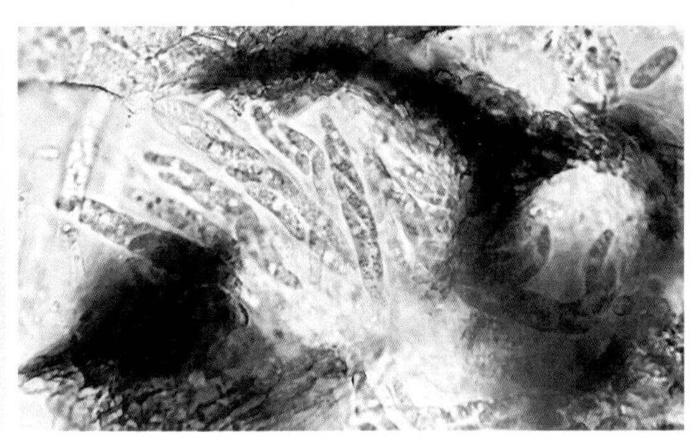

Physalospora juglandis 的子囊、子囊孢子

【病害发生发展规律】

病原菌以菌丝体和子囊壳在病果、病落果上越冬。翌年春天，条件适宜时，子囊孢子成熟并传播侵染。分生孢子可多次产生并重复侵染。

小孢拟盘多毛孢

Pestalotiopsis microspore (Speg.) Batista & Peres（无性态）

核桃多毛球壳菌

Pestalosphaeria juglandis T.X. Zhou, Y.H. Chen & Y.M. Zhao（有性态）（新种待发表）

拟盘多毛孢属 *Pestalotiopsis* Steyaete 隶属于有丝分裂孢子类群 Mitosporic Fungi，产分生孢子盘的腔孢菌。

多毛球壳菌 *Pestalosphaeria* M.E.Barr. 隶属于子囊菌门 Ascomycota 子囊菌纲 Ascomycetes 粪壳亚纲 Sordariomycetidae 炭角菌目 Xylariales 黑盘孢科 Amphisphaeriaceae。

【病害症状】

病果出现灰黑色、黑色病斑，且皮部开裂，表生黑色小粒点，为病原菌的分生孢子盘，果肉腐烂变黑；后期病斑扩大，呈暗褐色、褐色，皱缩凹陷、干枯，出现黑色小粒点，为病原菌的子囊壳。

病害症状

【病原主要形态特征】

显微特征

无性态：分生孢子盘初埋生，后突破寄主表皮，直径为126.0~224.0(~357.0)μm。分生孢子梭形，大小为[15.0~21.5(~25.0)]μm×[5.0~5.5(~7.5)]μm，有4个隔膜（隔膜处略缢缩或不缢缩），使其成为5个细胞。其中，两端细胞无色，中间三色胞同色，均为浅褐色，大小为9.0~15.0μm；孢子顶端具3~5根细长的附属丝，长为5.0~12.5(~15.0)μm，孢子基部具1根附属丝。

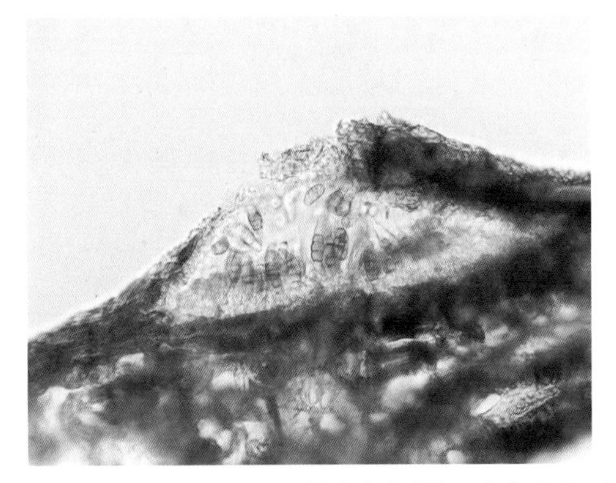

Pestalotiopsis microspora 的分生孢子盘、分生孢子

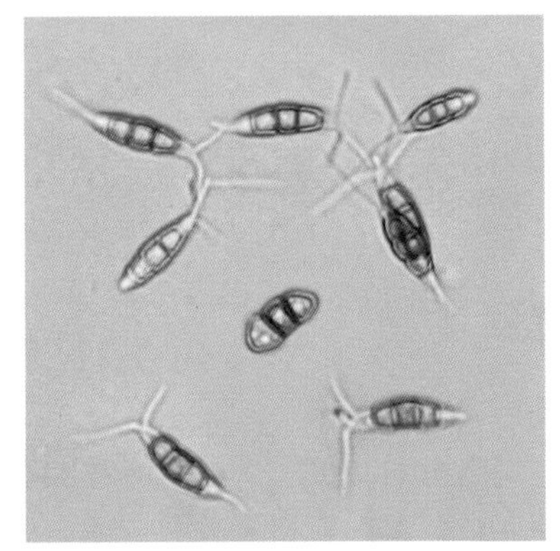

Pestalotiopsis microspora 的分生孢子（具附属丝）

有性态：子囊壳为瓶形、近球形，大小为(150.0~190.0)μm×(100.0~164.0)μm，浅褐色，具孔口。子囊棒状，大小为(50.0~68.0)μm×7.5μm，无色，其间有侧丝。子囊孢子椭圆形，有的两端略尖，直或微弯，大小为[10.0~12.5(~15.0)]μm×[4.0~5.0(~7.5)]μm，具2个隔膜，即3胞，浅褐色，隔膜色较深。

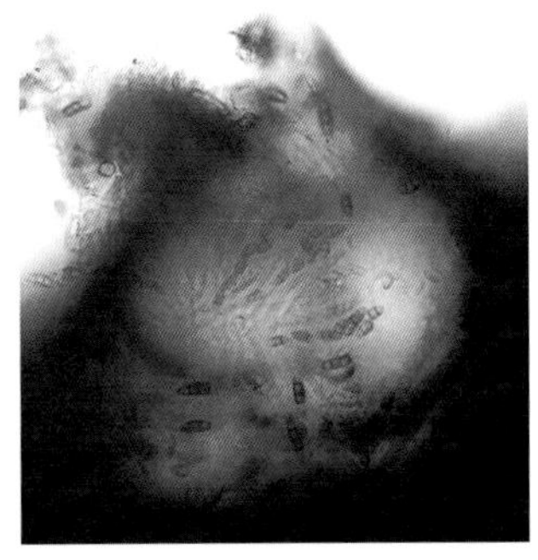

Pestalosphaeria juglandis 的子囊壳、子囊、子囊孢子

Pestalosphaeria juglandis 的子囊、子囊孢子

➘ 培养性状

菌落绒状，白色，较厚，具环纹或无，后期表面可产黑色颗粒状物，为病原菌的分生孢子盘，可溢出黑色黏液，为病原菌的分生孢子堆；菌落背面呈浅黄色至浅褐色，具黑色斑点。培养基平板不变色（培养照可参看前文叶枯病病原菌小孢拟盘多毛孢的菌落照片）。

【病害发生发展规律】

病原菌以菌丝体、分生孢子盘或子囊壳在病株及病残体上存活越冬，于次年春，孢子借风雨传播，从伤口或孔口侵入致病。每年 4 ～ 9 月发病，夏季高温有利于该病害的发生。

胡桃茎点霉

Phoma juglandis Sacc.

茎点霉属 *Phoma* Sacc. 隶属于有丝分裂孢子类群 Mitosporic Fungi，产分生孢子器的腔孢菌。

【病害症状】

病果上的病斑呈褐色，近圆形至椭圆形，病部表皮开裂、下陷，形成深浅不一的裂口，裂口内果肉腐烂后干枯，局部呈蜂窝状，后期裂口表皮出现的小粒点，为病原菌的分生孢子器。

病害症状

【病原主要形态特征】

显微特征

分生孢子器散生，初埋生，后突破寄主表皮外露，球形、近球形，大小为 (100.0~200.0)μm×(70.0~130.0)μm，褐色。分生孢子宽椭圆形，大小为 (4.0~6.0)μm× (2.5~3.0)μm，单胞，无色。

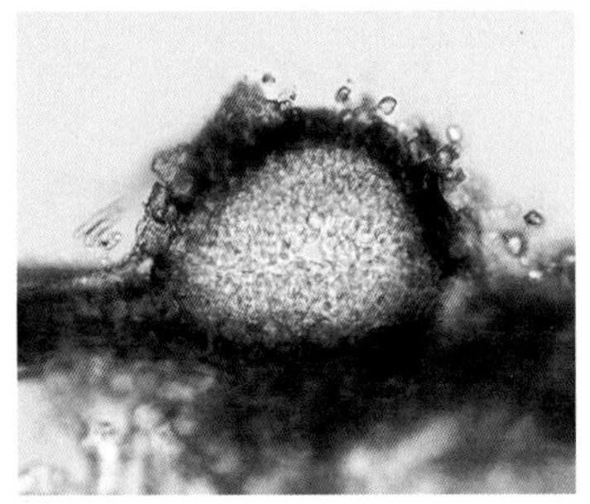

Phoma juglandis 的分生孢子器

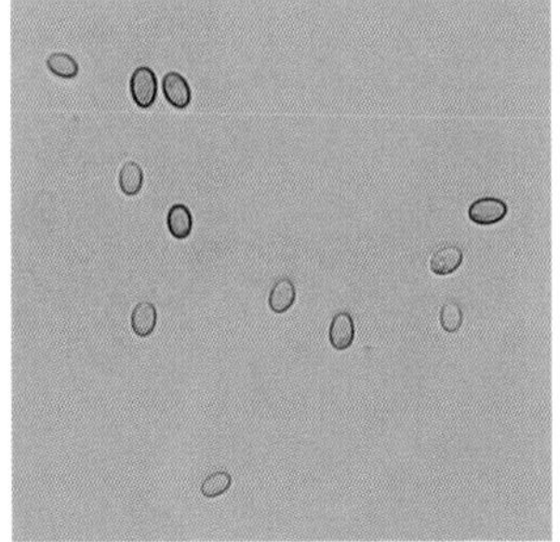

Phoma juglandis 的分生孢子

胡桃盘二孢

Marssonina juglandis (Lib.) Magn.

盘二孢属 *Marssonina* Magnus 隶属于有丝分裂孢子类群 Mitosporic Fungi，产分生孢子盘的腔孢菌。

【病害症状】

病果上产黑色病斑，皮下组织增生隆起，病斑表皮开裂，上产黑色小点，为病原菌的分生孢子盘，后期造成果腐。

病害症状

【病原主要形态特征】

➘ 显微特征

分生孢子盘初埋生，后突破寄主表皮外露，长 (70.0~)75.0~170.0(~200.0)μm，单生或相连；分生孢子梗无色，长约 4.0μm，宽 1.0 ～ 3.0μm；分生孢子近梭形、多弯曲，大小为 [(10.0~)12.5~22.5]μm×(5.0~7.5)μm（孢子略小于叶部褐斑病病原），基部平截而顶部尖细，双胞，无色。

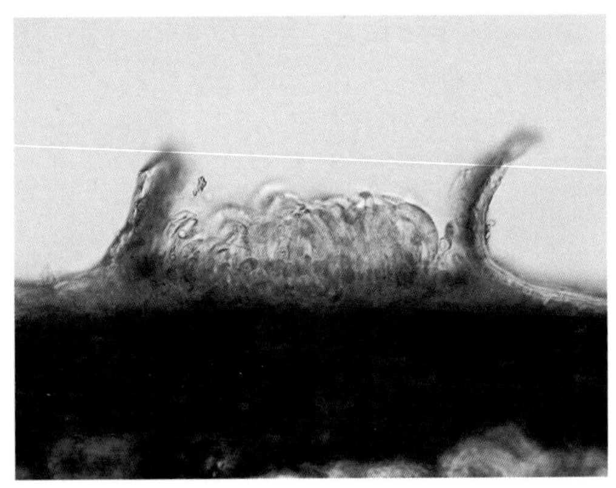

Marssonina juglandis 的分生孢子盘

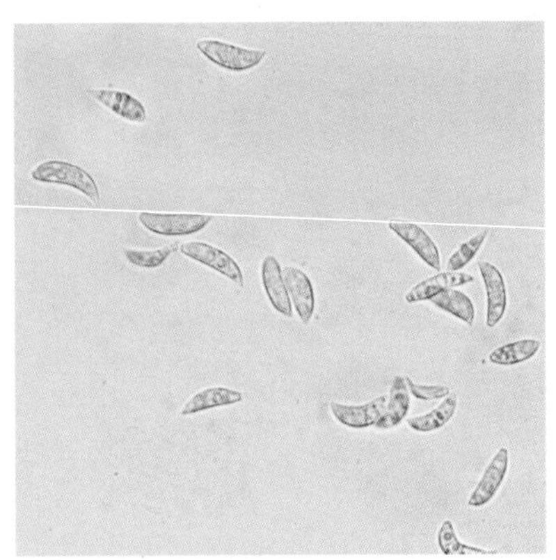

Marssonina juglandis 的分生孢子

【病害发生发展规律】

病原菌以菌丝体、分生孢子盘在病叶或病梢、病果或病落果上越冬。成熟的分生孢子既是初侵染源，又是再侵染源。雨水多、高温高湿条件有利于该病的发生。

胡桃拟茎点霉

Phomopsis juglandis (Sacc.) Traverso

拟茎点霉属 *Phomopsis* (Sacc.)Bubak. 隶属于有丝分裂孢子类群 Mitosporic Fungi，产分生孢子器的腔孢菌。

【病害症状】

初期病果上出现圆形、近圆形黑色斑点，后病斑有限扩展，且局部开裂，凹陷，上生黑色小点状物，为病原菌的分生孢子器。

病害症状

【病原主要形态特征】

显微特征

分生孢子器初埋生，后突破寄主表皮外露，球形、近球形，不规则形，大小为[(90.0~)110.0~407.0]μm×[(50.0~)101.0~200.0]μm，而在PDA培养基上其分生孢子器直径最大可达800.0μm，内壁芽生瓶产孢（eb-ph）体式。分生孢子两型：α型孢子梭形，偶见椭圆形，大小为(2.5~5.5)μm×(2.0~4.0)μm，单胞，无色；β型孢子线形，一端常呈钩状，大小为[(12.5~)19.0~30.0]μm×(0.5~1.0)μm，单胞，无色。

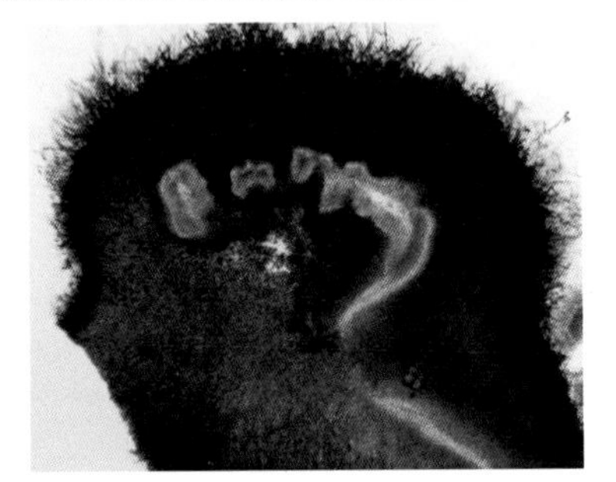

Phomopsis juglandis
的子座、分生孢子器（产自PDA平板）

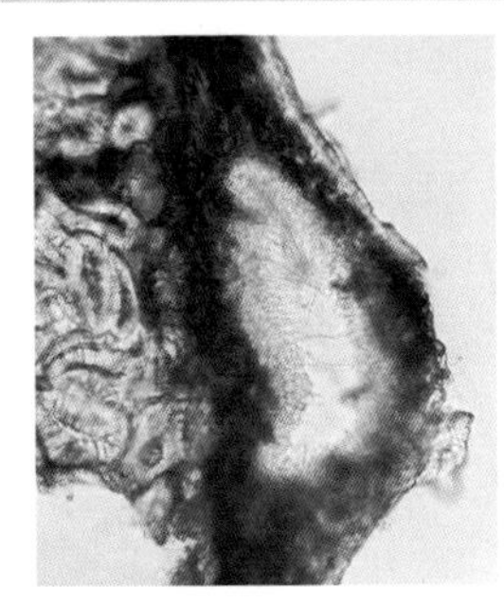

Phomopsis juglandis
的子座、分生孢子器、分生孢子（产自果实）

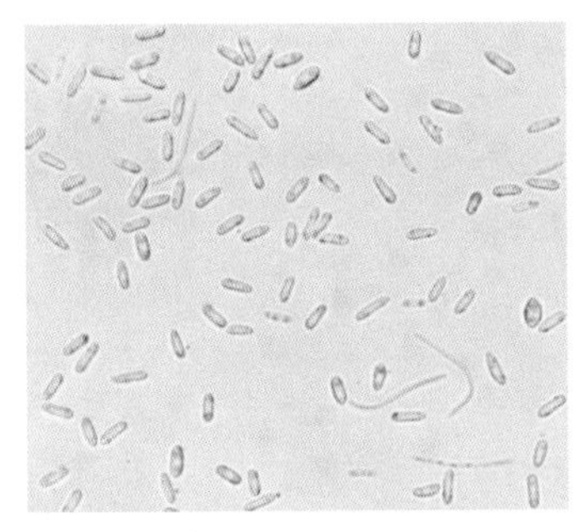

Phomopsis juglandis 的两型分生孢子

培养性状

菌落初为白色，绒状，后期呈浅褐色，表面产生的黑色颗粒状突起物，为病原菌的子座，可溢出乳白色至黄色的分生孢子堆。菌落背面有近黑色的斑点，无明显环纹，培养基平板不变色。

菌落

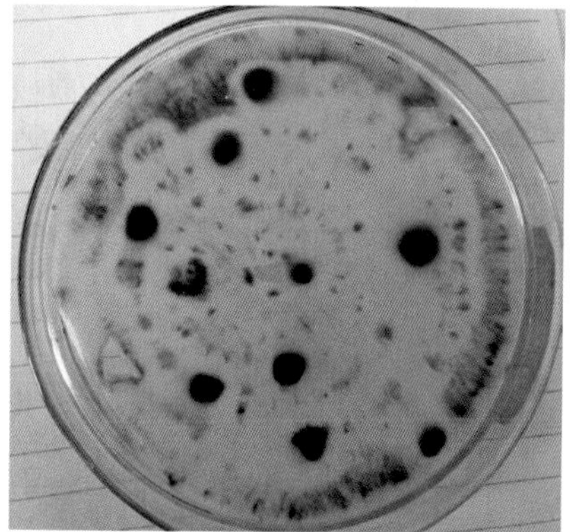

菌落背面

【病害发生发展规律】

胡桃拟茎点霉除引起果腐外，还是核桃园内枝枯病和叶斑病的病原菌之一，故病原菌可在病果、病落果、病叶、病落叶或病枝残体上越冬。分生孢子作为初侵染源和再侵染源。

黑附球菌

Epicoccum nigrum Link

附球菌属 *Epicoccum* Link 隶属于有丝分裂孢子类群 Mitosporic Fungi，暗色丝孢菌。

【病害症状】

感病果实上出现多个近圆形病斑，褐色至黑色，凹陷，有的可相连，后病部表皮开裂下陷，皮下组织干腐，形成空洞，表生黑色小粒点，为病原菌的分生孢子座。

病害症状

【病原主要形态特征】

显微特征

分生孢子座垫状，表生于病部，大小为 (101.0~234.0)μm×(78.0~104.0)μm，黄褐色。分生孢子梗密生，无色或淡色，全壁芽生单生式（hb-sol）产孢。分生孢子顶生，近球形、梨形，大小为 (12.0~25.0)μm×(12.0~20.0)μm，初为单胞，后呈多胞，但分隔不明显，褐色至黑褐色，表面具瘤突。

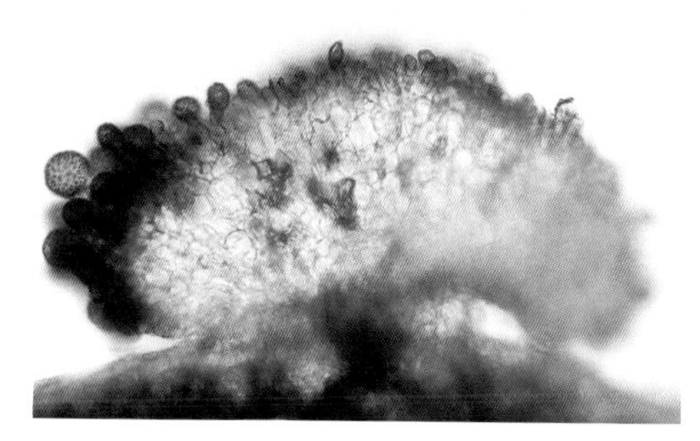

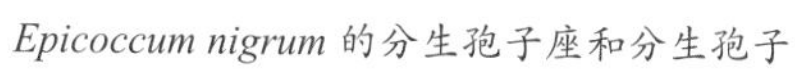

Epicoccum nigrum 的分生孢子座和分生孢子

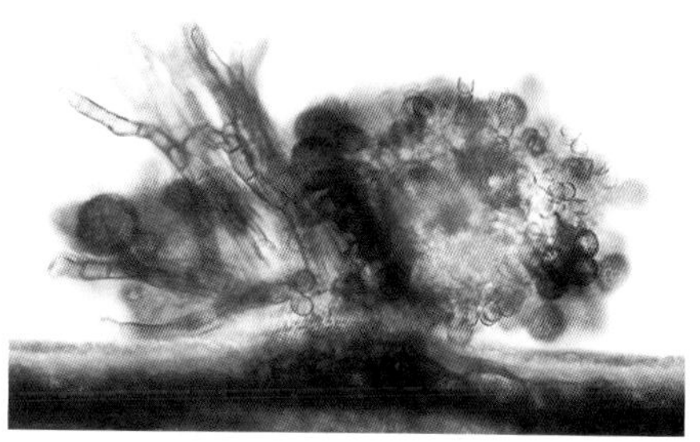

Epicoccum nigrum 的分生孢子座和分生孢子

【病害发生发展规律】

黑附球菌作为核桃果腐病和叶枯病的病原，以往均未见报道，其发病规律有待研究。

链格孢属之一种

Alternaria sp.

链格孢属 *Alternaria* Nees 隶属于有丝分裂孢子类群 Mitosporic Fungi，暗色丝孢菌。

【病害症状】

病果表面产生黑色的圆形或梭形病斑，凹陷，不规则开裂，果肉腐烂，表皮具黑色浓密的霉层，为病原菌的分生孢子梗和分生孢子。

病害症状

【病原主要形态特征】

➘ 显微特征

分生孢子梗散生或簇生，生于寄主组织表面或从子座上长出，直立或弯曲，浅色至暗色，有隔，内壁芽生孔出式（eb-tret）产孢。分生孢子倒棍棒形、椭圆形，大小为 (15.0~32.5)μm×(7.5~15.0)μm，多胞，砖隔胞型，暗色。

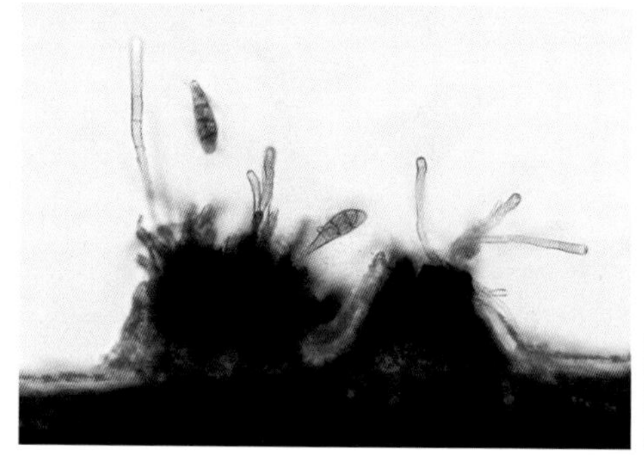

Alternaria sp. 的子座、分生孢子梗、分生孢子

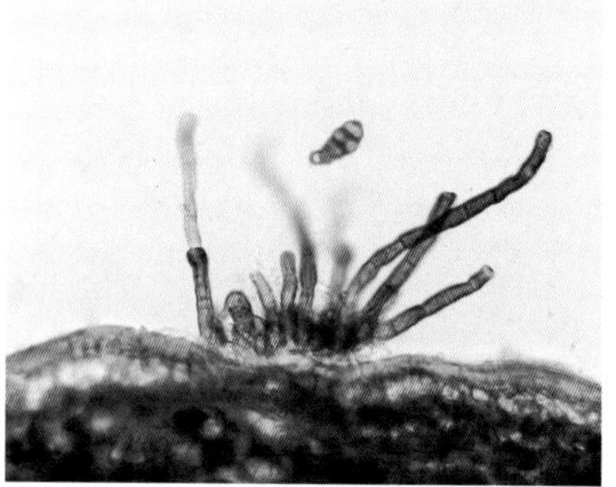

Alternaria sp. 的分生孢子梗、分生孢子

➘ 培养性状

菌落褐色、近黑色，后期表面溢出黑色液滴，为病原菌的分生孢子堆；菌落背面褐色，有黑色斑点；培养基平板变为浅褐色。

【病害发生发展规律】

病原菌以菌丝体和分生孢子在病果组织内越冬。次年春天，分生孢子借风雨传播蔓延。潮湿、通风透光差的核桃园发病较重。

盾壳霉属之一种

Coniothyrium sp.

盾壳霉属 *Coniothyrium* Corda 隶属于有丝分裂孢子类群 Mitosporic Fungi，产分生孢子器的腔孢菌。

【病害症状】

感病果实产生近圆形黑斑，后期病斑凹陷、开裂，其上产黑色小点，为病原菌的分生孢子器，局部果腐。

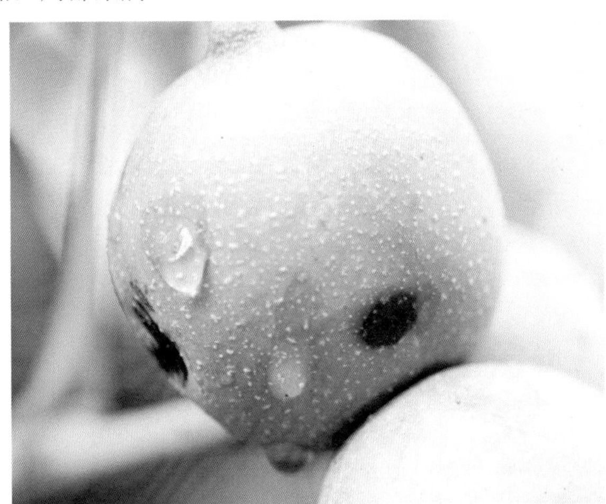

病害症状

【病原主要形态特征】

➘ 显微特征

分生孢子器散生，初埋生，后突破病部表皮外露，近球形，直径为(75.0~88.0)μm×(35.0~60.0)μm。全壁芽生环痕式（hb-ann）产孢。分生孢子宽椭圆形、椭圆形，大小为(4.5~7.0)μm×(2.5~4.5)μm，单胞，暗色。

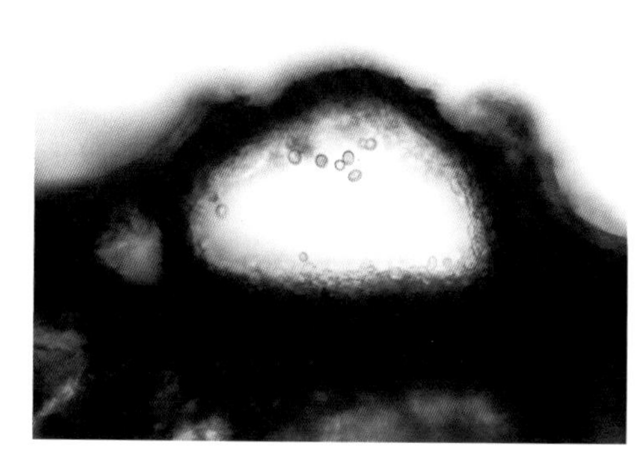

Coniothyrium sp. 的分生孢子器、分生孢子

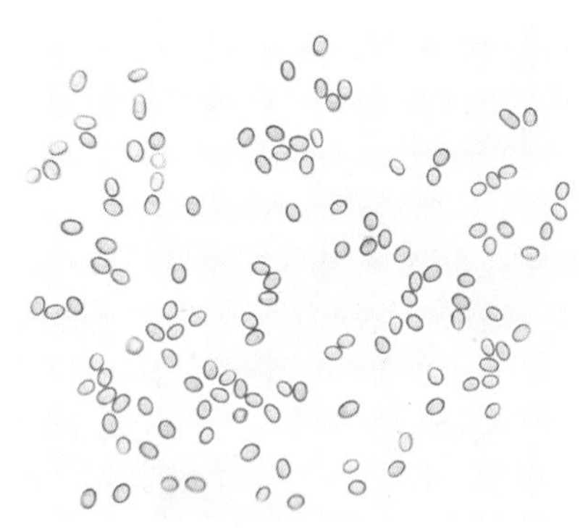

Coniothyrium sp. 的分生孢子

【病害发生发展规律】

病原菌以菌丝体和分生孢子器在病果、病落果上越冬。次年春天产生的分生孢子借风雨传播，多从伤口和气孔侵入行初侵染。生长季节分生孢子还多次再侵染。与棕榈盾壳霉所致的叶枯病相似，在栽植过密、通风透光不良的核桃园发病较重。高温潮湿、多风雨利于该病发生。

壳二孢属之一种

Ascochyta sp.

壳二孢属 *Ascochyta* Lib. 隶属于有丝分裂孢子类群 Mitosporic Fungi，产分生孢子器的腔孢菌。

【病害症状】

果实感病初期，表面出现多个深褐色圆形、近圆形病斑，后病斑呈不规则向外扩展，多个病斑可相连。后期病果上可见大面积褐色斑块，不规则开裂、干枯表面产生的黑色小点，为病原菌的分生孢子器。

病害症状

【病原主要形态特征】

➘ 显微特征

在培养基平板上所产的分生孢子器群生，球形、近球形，大小为 (140.0~170.0)μm×(120.0~150.0)μm，褐色。分生孢子圆柱形，偶见梭形，直或微弯，大小为 (17.5~25.0)μm×(2.5~5.0)μm，无色，多数为双胞，偶见单胞或三胞的。

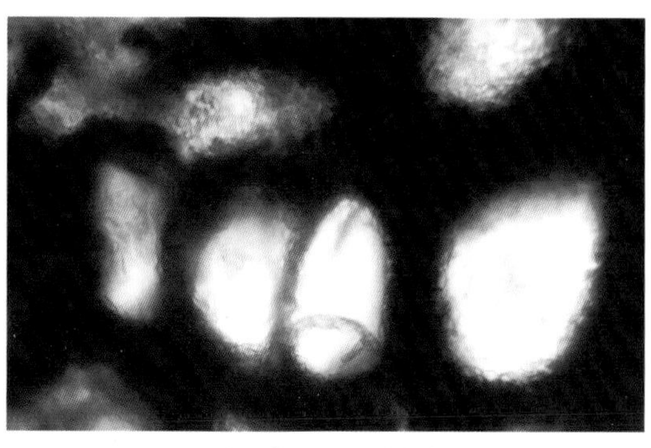

Ascochyta sp. 的分生孢子器（产自 PDA 平板）

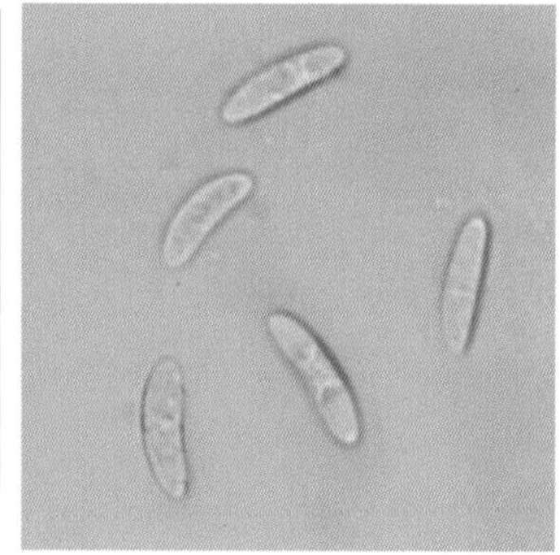

Ascochyta sp. 的分生孢子

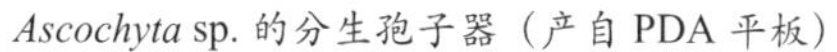

培养性状

菌落灰白色，绒状，表面所产黑色突起物，为病原菌的分生孢子器；菌落背面褐色，有散生的黑色斑点；培养基平板不变色。

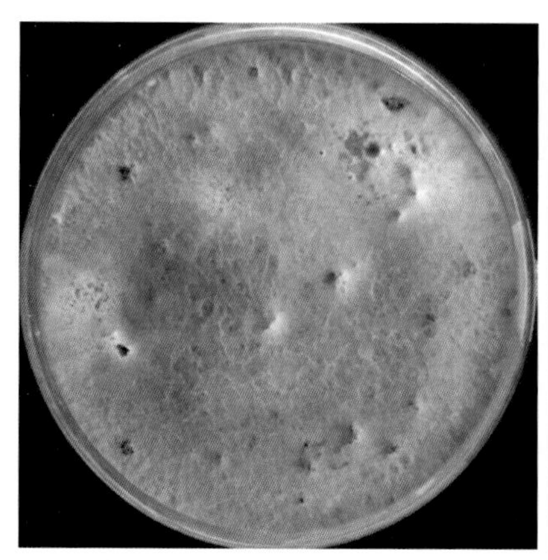

菌落

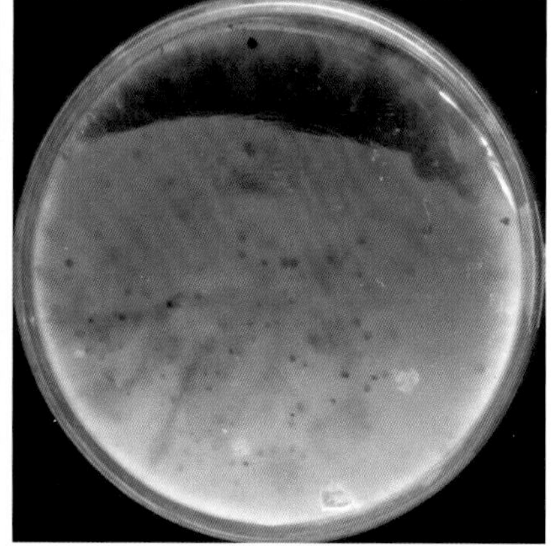

菌落背面

【病害发生发展规律】

壳二孢属之一种在核桃园内可引起果腐病和叶枯病，其病原菌以菌丝体或分生孢子器在病果、病落果或病叶、病落叶上越冬。次年，分生孢子成熟，随风雨传播侵染。

鞘茎点霉属之一种

Coleophoma sp.

鞘茎点霉属 *Coleophoma* Hohn. 隶属于有丝分裂孢子类群 Mitosporic Fungi，产分生孢子器的腔孢菌。

【病害症状】

感病果实皮部出现褐色近圆形病斑，凹陷，后期黑色病斑上所产的小点状物，为病原菌的分生孢子器。

病害症状

【病原主要形态特征】

显微特征

分生孢子器球形、近球形，暗色，大小为 [160.0~230.0(~420.0)]μm×(160.0~270.0)μm。分生孢子梗柱形，多见于孢子器内壁的底部，无色，但基部略呈浅褐色，内壁芽生瓶体式 (eb-ph) 产孢。分生孢子圆柱形、杆状，大小为 (15.0~27.5)μm×2.5μm，直，少数微弯，两端稍尖，单胞，无色。

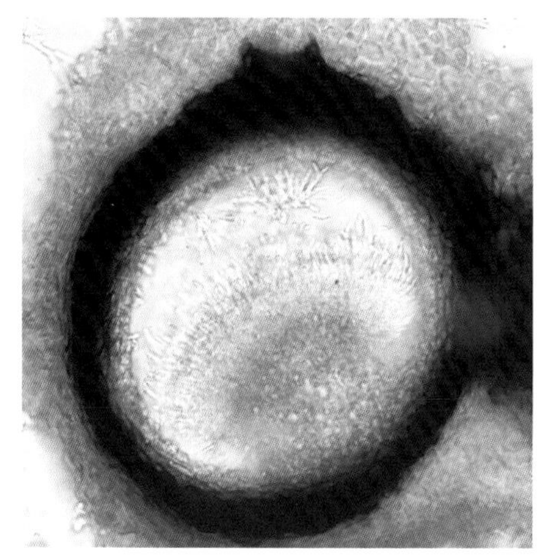

Coleophoma sp.
的分生孢子器、分生孢子梗、分生孢子

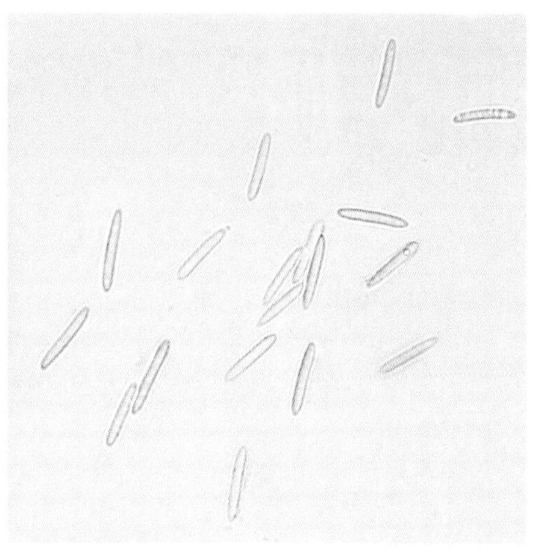

Coleophoma sp. 的分生孢子

培养性状

菌落呈白色、灰白色，绒状，具不明显环纹，后期在菌落边缘表面散生黑色小粒点，为病原菌的分生孢子器；菌落背面浅褐色，有环纹；培养基平板不变色。

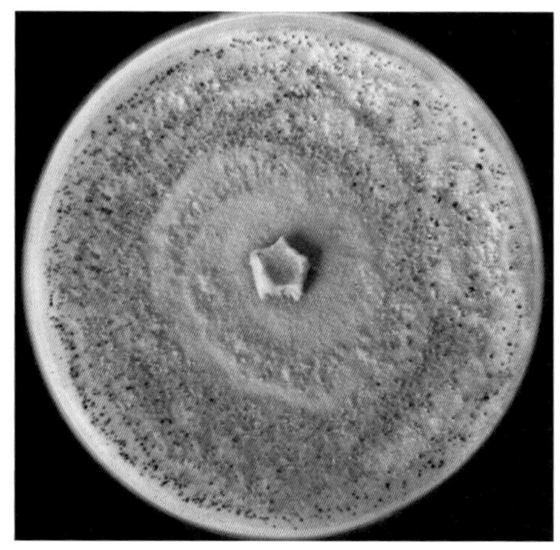

菌落

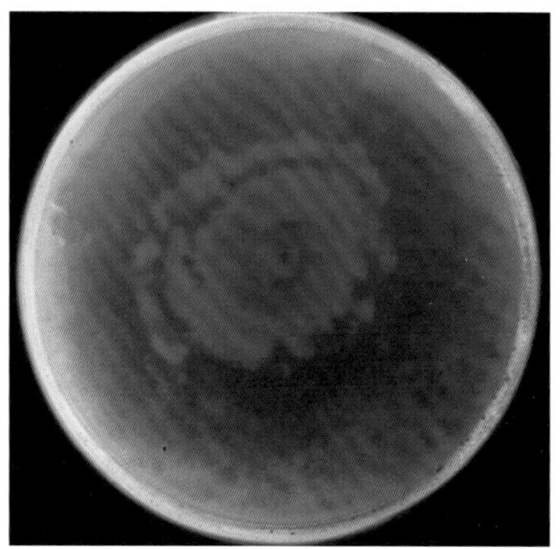

菌落背面

细菌性黑斑病

【病害症状】

幼果感病，最初在果实表面出现黑褐色小斑点，后逐渐扩大成圆形或不规则的黑色病斑，病斑下陷并在外围出现水渍状晕圈，果实由外向内腐烂。在果壳未硬化时，病菌可扩展到核仁，导致全果变黑，并早期脱落；对果壳已硬化的果实，病原菌只侵染外果皮，但核仁生长发育仍会不同程度地受到影响。

病害症状

核桃黄单胞杆菌

Xanthomonas arboricola pv. juglandis

【病原主要形态特征】

➘ 培养性状

菌落在NA培养基上呈圆形、光滑、隆起、乳白色，后期菌落呈现黄绿色，菌体均聚集生长，单个菌体呈短杆状，大小为(0.5~1.2)μm×(1.0~2.4)μm，端生1根鞭毛。为革兰氏阴性菌，有细胞壁、鞭毛和荚膜，但无芽孢；有异染粒结构，无类质粒结构。

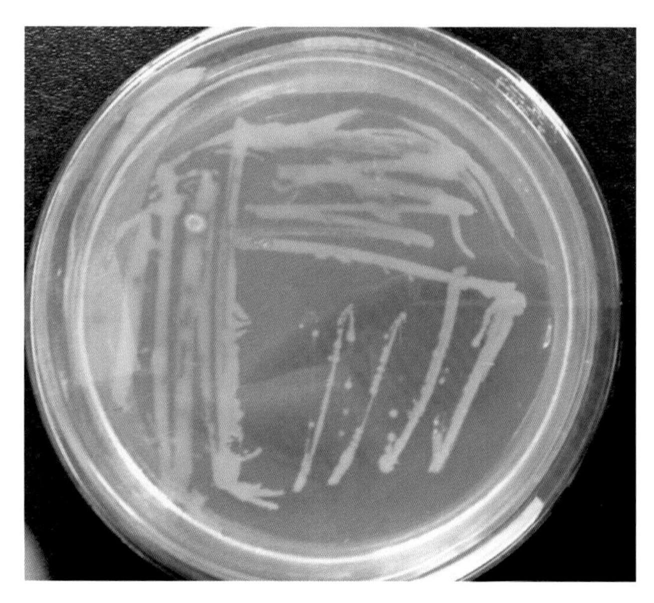

菌落

成团泛菌

Pantoea agglomerans Beijerinck & Gavini

【病原主要形态特征】

培养性状

菌落在NA培养基上呈圆形、光滑、隆起、乳白色，后期菌落呈现出蜡黄色，菌体均聚集生长，单个菌体呈直杆状，大小为(0.5~2.0)μm×(0.6~3.0)μm，周生约4μm长的6根鞭毛。为革兰氏阴性菌，有细胞壁、鞭毛和荚膜，但无芽孢;有类质粒结构，无异染粒结构。

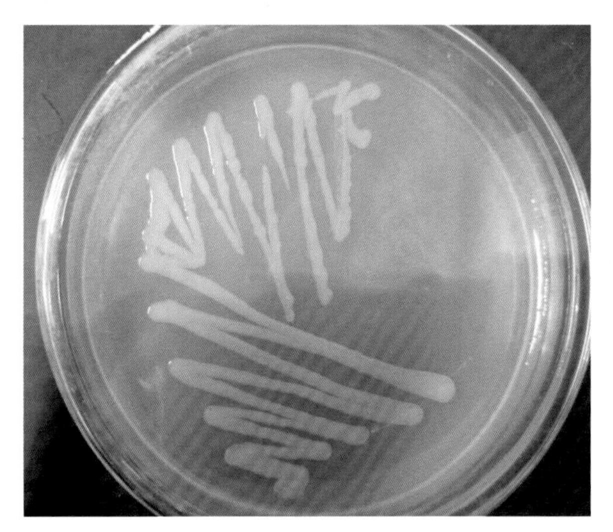

菌落

【病害发生发展规律】

病原细菌在枝梢或芽内越冬。翌春泌出细菌液借风雨传播，从气孔、皮孔、蜜腺及伤口侵入，引起叶、果或嫩枝染病。在4～30℃条件下，寄主表皮湿润，病菌能侵入叶片或果实。潜育期5～34天，在田间多为10～15天。核桃花期极易染病，夏季多雨发病重。

裂果病

裂果病为生理性病害，常因长期干旱引起。

【病害症状】

初期在果实表面出现线形小裂纹，后裂纹逐渐向四周不规则扩展，裂纹部位逐渐木质化，并可深达果核，整个果皮皱缩。

生理性裂果

核桃果实病害的防控技术

同枝干病害和叶部病害一样，果实病害的防治仍然要贯彻“预防为主，综合治理”的方针。具体预防和控制方法可参考本书前文介绍的叶部病害和枝干病害的防控，但是在开展果实病害防治时还需注意以下几点：

（1）地面人工监测发现少量病果时要及时摘除并带出果园深埋，避免病原从果实传播到枝干和树叶，早期摘除病果也有利于减少营养消耗；

（2）冬春季节清理果园时，除了清理病枝病叶外，还要注意采摘清理枝条上残留的病果，清理出的病果以深埋方式处理较好；

（3）采果时，部分已感病开裂的青皮会脱落，脱落青皮要注意捡拾，并带出果园；

（4）果实脱青皮处理后的青皮如无他用，要进行堆捂发酵（消灭病原菌），不能将未经处理的青皮作为肥料还归果园；

（5）采果时，尽量避免对枝干的伤害；

（6）果实病害防治要同叶部病害、枝干病害的防治一同进行，避免发现哪个部位感病就只对哪个部位进行防治，比如，喷施保护性杀菌剂时注意叶果一起喷施，避免喷叶不喷果；

（7）应对果实病害、叶部病害和枝干病害一起进行监测和预警。

核桃根部主要病害

核桃根部病害种类不多，目前只发现小核菌引起的白绢病和尖孢镰刀菌引起的根腐病两种。尽管种类不多，但危害却极大，如果处理不及时容易造成整株枯萎，对核桃树的影响是毁灭性的。因此要特别注意根部病害的发现和防治。

根部病害主要在地下危害而难以直接观察，但在地上部分也能表现出症状，主要表现有以下几种：一是受根病危害后，核桃树可能表现出迟迟抽不出新叶，或者抽出新叶后不久即萎蔫；二是新发叶片生长较慢，叶片小；三是核桃树生长量比周边的核桃树小；四是根、茎交界处的树皮内层稍微切开可见已从正常的黄白色变为黄褐色或者有褐斑、黑斑出现；五是罹患根病的核桃树根部杂草生长更旺盛。出现异常现象而核桃枝干和叶片还没有典型的病状出现，很可能是感染了根部病害，需要挖根确认。

根部病害与土壤环境关系十分密切，土壤板结、不透水、根部积水过多容易引起根部病害。当然根部病害的发生与树木抗性和树木长势也有一定关系。根部病害既可以危害大树，也能危害幼苗，以幼苗危害最重。

根部病害由于深处地下，其传播主要靠雨水，核桃树之间的树根交错也能加速根部病害的传播。

白绢病

齐整小核菌

Sclerotium rolfsii Sacc.

小核菌属 *Sclerotium* Tode 隶属于有丝分裂孢子类群 Mitosporic Fungi 的无孢菌（不产分生孢子）。

【病害症状】

病根变黑、腐烂残缺，表面有白色的丝状物包裹，为病原菌的菌索，有的连成一片形成菌膜，后期可见表生的黑色、圆形、表面光滑的颗粒物，为病原菌的菌核。

病害症状

【病原主要形态特征】

➘ 显微特征

菌丝疏松或集结成线形菌索紧贴在基物上，后形成菌核。菌核表生，球形、椭圆形，不规则形，由白色、淡褐色渐变红褐色、黑色，直径0.5～2.0mm，表面光滑，略有光泽，内部灰白色。菌核之间无菌丝相连。

【病害发生发展规律】

病原菌寄主范围广泛，以菌核或菌索随病残体、病株及其他野生植物的根部在土壤中越冬。翌年条件适宜时，菌核或菌索产生菌丝进行初侵染。病株产生的菌索可延伸接触邻近植株，菌核可借水流传播进行再侵染，使病害传播蔓延。连作或土质透气性差及地势低洼的种植地或高温、多湿的年份或季节发病重。菌核在土壤中可存活3～4年，但在水中和湿土中存活期短。高湿有利于病原菌蔓延，病害发生盛期在夏季。

根腐病

尖孢镰刀菌

Fusarium oxysporum Schlecht

镰刀菌属 *Fusarium* Link 隶属于有丝分裂孢子类群 Mitosporic Fungi，产分生孢子座的丝孢菌，即瘤座孢菌。

【病害症状】

植株感病后，地上部分枝叶逐渐失水枯萎，枝干变黑、表皮皱缩。根茎局部变黑腐烂，后期病根表皮脱落，部分组织溃烂残缺。

病害症状

【病原主要形态特征】

➘ 显微特征

分生孢子梗无色、有隔，分生孢子具两型。大型孢子镰形，大小为(25.0~37.5)μm×(4.5~5.0)μm，具2～4个隔膜，无色，两端尖。小型孢子椭圆形，大小为(4.5~7.5)μm×(2.0~2.5)μm，单胞，无色。

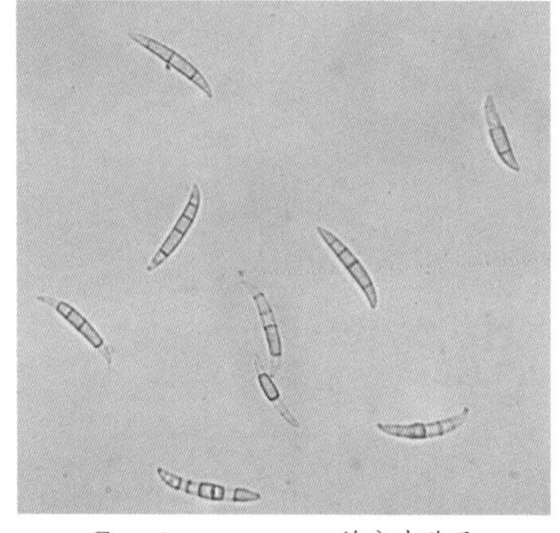

Fusarium oxysporum 的分生孢子

➘ 培养性状

菌落白色，垫状，表面具小凹坑，下埋生着黑色的颗粒物，为病原菌的分生孢子座；菌落背面浅褐色至褐色，具黑色斑点；培养基平板不变色。

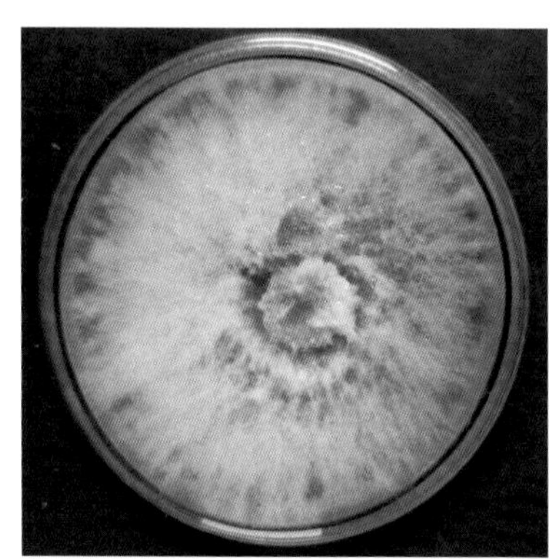

菌落

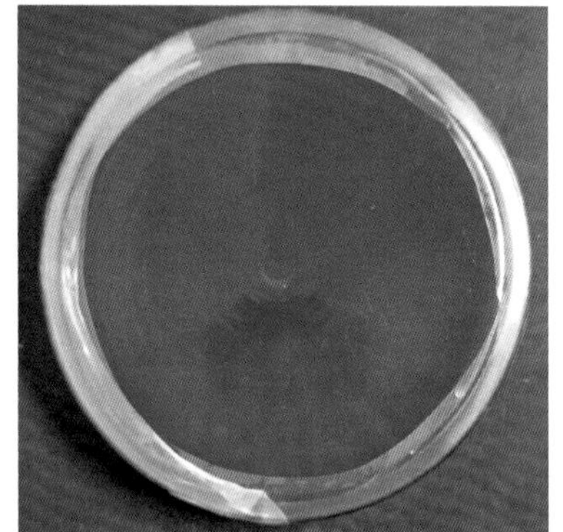

菌落背面

【病害发生发展规律】

病原菌以菌丝体、厚垣孢子在土壤、病残体和病根中越冬，并于次年春条件适宜时进行初侵染。随农事操作（如耕地、除草或浇水等）接触到核桃根部，从皮孔或伤口侵入。通常是核桃树根系衰弱时病原菌才得以侵染。土壤温度和湿度是病害发生和流行的主要因素，土壤湿度大或干旱、缺肥、盐碱化、水土流失严重、土壤板结通气不良、结果过多、大小年严重、杂草丛生及地下害虫危害等均可加重病情。

核桃根部病害的防控技术

根部病害的防治总体应该遵循“预防为主，综合治理”的方针，但是根部病害的发生与危害有其特殊性，因此对根部病害的防控不能照搬叶部病害和枝干果实病害的防控技术，需要某些独特的防控技术支撑。

1. 根部病害的预防

（1）如前所述，根部病害与土壤环境关系密切，因此在选择核桃苗圃地和核桃林地时，不能选择黏性重、透水性差的土地栽植核桃苗和核桃树，以中性偏碱的土壤作为苗圃地为宜，对酸性土壤应施入适量的石灰，再作苗圃地，要做好土壤深翻。

（2）苗圃地和林地要做好排水工作，防止雨后长时间浸水，及时中耕，防止土壤板结。

（3）苗圃地可使用土壤消毒剂（乙蒜素、链霉素、五氯硝基苯）对土壤进行消毒处理。苗木种植时，要按照要求尽可能挖大塘和深塘，特别在土壤板结的地块种植核桃树时，除了挖大塘深塘外还要在塘中覆盖一些易透水的沙土。

（4）苗圃浇水注意不要过量过频，有条件的果园浇水也要注意不能过量；施肥时尽量选用腐熟的有机肥料和草木灰，少选易引起土壤板结的化学肥料。

（5）出土的苗木要加强检疫，确保无病壮苗上山造林。

2. 根部病害的监测

尽管难以直接观察到根部的病状病症，但是通过仔细观察地上部分的生长情况也能及早发现根部病害，比如将核桃树与周边核桃树相比，开花、叶芽萌动是否有延迟现象，疑似树与周边正常核桃树生长速度、叶片数量、大小和果实数量大小是否存在差异，核桃树在非干旱时节是否有萎蔫情况，正常树和疑似树根部草本植物长势是否有明显差异，疑似树的枝叶和树干是否有感病典型症状等。出现疑似根部病害的现象要尽可能挖开根仔细观察根皮层颜色、根际土壤含水量等是否存在差异。不能确诊的时候要尽快送土样和病根样本请有关专业技术人员检测和鉴定。

3. 营林技术措施

对核桃苗或者核桃树根部的土壤适时深翻和松土，确保根部土壤疏松；间伐过密核桃树，保证良好通风透光条件，以增加树势；雨水多的季节开挖排水沟，防止果园和苗圃局部积水。

4. 根部病害防治

（1）对有感病嫌疑的苗木，可将其根部置于 70% 甲基托布津可湿性粉剂 500 倍液中浸渍 10min，然后栽植。

（2）每年萌芽前和夏末分别进行药剂灌根。以根颈为中心，开挖 3 ～ 5 条放射沟，长达树冠外围，宽 30 ～ 45cm，深 50 ～ 70cm，挖出病根剪除，用 1% 硫酸铜或甲基托布津 1000 倍浇灌病树根部，并以无病土覆盖填平。

（3）清除侵染源和发病中心。发现病死株、濒死株，及时挖除并集中烧毁，防止病害蔓延。对无病苗木可撒草木灰、石灰或适量硫酸亚铁于根际土壤，以抑制病害发生。

（4）当植株生长衰弱时，应扒开根部周围的土壤检查根部，如发现菌丝体或菌核，应先将根颈部的病斑用利刀刮除，然后用 15% 抗菌素 401 液剂 50 倍，或 1% 硫酸铜液消毒伤口，再于根部土壤浇洒药液。

（5）核桃染病后，将感病核桃树根颈周围 50cm 范围内的土扒出并运出地外或消毒处理，将烂根全部扒出，所有病部烂皮全部刮除干净，利用太阳光中的紫外线进行晾晒杀菌。在晾晒 3 ～ 5 天后，喷洒多菌灵或石硫合剂，每隔 5 天喷 1 次，连续处理 3 次。在药液干后，用无病土覆盖填平。

（6）用甲基托布津 1000 倍药剂灌根，再用枯草芽孢杆菌浇根。

总结与展望

1. 核桃产业健康发展的隐忧

核桃有较高的营养价值，核桃中大量不饱和脂肪酸使其成为健康营养保健功能食品，为世人所喜爱，这也是人们数千年不断扩大栽培规模的重要原因。

中国核桃种植面积现已超过 1 亿亩，占中国人工林面积 10% 以上，预计全国核桃年产量已超过 300 万吨，年产值将近千亿元，是重要的农业产业。最近 20 年核桃种植业的快速发展与山区脱贫攻坚政策导向密切相关，可以毫不夸张地说，核桃产业惠及千万山区贫困人口。云南是我国核桃种植面积最大的省份，现保存的面积超过 4300 万亩，超过云南森林面积 3.9 亿亩的 11%，目前云南核桃年产量超过 110 万吨，年产值超过 300 亿元。核桃产业惠及全省 2600 万农业人口，种植较为集中的楚雄、大理、保山、临沧等地，农民从核桃产业获得的年均收入超过 1500 元，这对云南的脱贫攻坚起到了重要作用。因此核桃又被山区农民称为生态树、扶贫树、上学树等。

但是随着核桃种植面积快速增长，核桃产业健康可持续发展面临较大挑战，主要表现在：一是大面积核桃投产，产量急剧增加的同时，受国内国际市场核桃供应量不断增加等因素影响，核桃原果市场出现饱和甚至过剩状况，导致原果价格不断下滑。目前已从较高时期的干果 50 元 /kg，下滑到 10 元 /kg，2017 年云南省农民尚有上万吨核桃干果滞销，仅靠原材料销售已出现难以为继的局面，农民发展核桃产业的积极性受到巨大打击。二是核桃产业产业结构失衡状况明显，一产的量大，而二产和三产能力弱，产品单一，未获得精深加工带来的高额附加值，以干果为主的低端产品之间存在低价竞争，出现较为严重的增产不增收局面。三是前期核桃种植面积快速扩张，但并没有充分考虑优良品种的选择、抗病品种的应用等长期影响核桃产业的因素，导致部分核桃林长期不挂果，没有效益；有些核桃林连年感病，产量低。部分地方政府及农户已经对核桃产业发展失去信心，林农对核桃林的经营管理失去动力，疏于管理的核桃林产量和产品品质将会逐年下滑。长此以往的恶性循环将给核桃产业以巨大打击。

为保障核桃产业的健康发展，政府、企业和林农需要共同努力，在提高核桃产品质量、大力开发核桃新产品，满足消费需求、提高核桃单产和效益等方面多做工作，发展好、维护好核桃这一千年健康产业和绿色产业，使核桃真正成为生态树和扶贫树，让广大山区林农依靠核桃实现稳定脱贫和可持续发展。

2. 核桃病害日趋严重

核桃病害的种类日渐增加、危害日益严重。以云南为例，有数据显示，20 世纪 90 年代初出版的《云南森林病害》记载核桃病害一共 4 种，2010 年云南省林业和草原有害生物防治检疫局编印的《云南核桃病虫害防治手册》记录的核桃病害也只有 10 种。面对核桃日益严重的病害威胁，西南林业大学师生 2014 年以后开始加入核桃有害生物研究，从云南核桃主产区广泛采集标本，分离培养和切片鉴定病原物共发现核桃病害 66 种，且部分标本至今还未鉴定出结果，云南核桃病害种类数量还将不断刷新。根据云南省林业和草原有害生物防治检疫局提供的数据，20 世纪八九十年代，云南核桃病害发病轻，未接到大面积发生的报告，2010 年第一次统计核桃病害发生面积有 8.7 万亩，2013 年统计病害发生面积有 25 万亩，经过防控，2014 年统计病害面积 16.5 万亩，2015 年发生 26 万亩，2016 年发生 36 万亩，2017 年达到 54 万亩，2018 年上报的核桃病害面积已经超过 66 万亩。可见，云南核桃病害发生危害不仅种类增多，面积在逐年快速增大，而且因病减产、因病绝收的现象随处可见。2017 年，云南省保山市隆阳区瓦窑镇新华村因核桃感病，提早落叶，导致核桃树提早休眠，到 12 底月气温回升，核桃发生大量秋梢，第二年全村核桃减产 70% 以上。连年不断发生的核桃病害让核桃产业健康发展之路蒙上一层阴影。

核桃病害日益严重最直接的原因：第一，林农对病害危害认识不足，缺乏正确识别核桃病害的知识，尚未掌握正确预防控制核桃病害的技术。第二，大部分核桃病害不仅仅是核桃树固有的病害，在核桃林周边林木上和作物上也有相同的病原菌存在，致使核桃病害防控难度大。第三，粗放的经营管理。云南核桃多种植于山区，交通不便，管理成本高，一旦核桃价格下跌，农户就不愿意管理，甚至因为产量低，收获成本大于核桃果收益，林农连核桃果也懒得收获。疏于管理的核桃林内病原物任意发展，逐年积累，容易在适宜条件下大面积爆发。第四，在一定区域核桃病害的发生危害规律差异不明显，有利防治时机比较一致，如果能采取统防统治，将会获得非常明显的效果。但是林农以家庭为单位的经营导致统防统治成为口号，部分农户错过防治时机而不能获得良好效果，部分抓住时机的农户又会因为临近地块未防治而再次受到病原物的侵染，继续发病。

日益严重的核桃病害，成为影响核桃产业健康发展的重要因素之一，值得担忧，也应引起政府、林农、科技人员高度关注和重视。

3. 核桃病害多样性和复杂性并存

本书描述了核桃病害66种，其标本的采集主要来源于云南核桃种植面积较大的9个州市，由于时间有限，尚未达到病害普查的标准，加上部分标本尚未分析和鉴定，因此，本书所记录的病害也只是核桃病害的冰山一角。如果加上全国20多个有核桃分布的省（自治区、直辖市）和一亿亩以上的核桃林，可以想象核桃病害的种类将是一个令人震惊的数字。除此以外，核桃病害既有真菌性病害，也有细菌性病害，还有类菌原体病害、螨类和寄生性种子植物，不同类的病原生物发生特点、危害机制和防治策略都存在差异。核桃病害种类多一方面与核桃种植区气候差异大有密切关系，另一方面与现有核桃种植区多样的核桃品种有密切关系。据《中国核桃》记录，我国现有核桃植物（包括从国外引种和已发现的天然杂交种）3组8个种，种下单位的品种就更多，不完全统计，全国审定认定的核桃新品种和良种不低于250个，仅云南审定和认定的良种和新品种就多达110多个，云南栽培面积超过100万亩的品种超过10个以上。

核桃病害的复杂性表现在以下几个方面：一是一株病树往往既有叶部病害，也有枝干病害、果实病害和根部病害，病害危害部位差异导致对核桃的影响不同，也导致防治策略有明显差异。二是同一片地，同一株树，甚至同一个枝干、同一片叶、同一个果都有多种病原菌共存。比如，核桃枝枯病的病部切片就观察到两种病原真菌的分生孢子器和分生孢子；有由壳梭孢属和多隔长蠕孢共同侵害引起的枝枯病，胡桃茎点霉除了可与大孢大茎点霉共同侵染核桃枝干的同一部位造成复合侵染外，还能和大单孢属之一种一起进行复合侵染，导致核桃枝枯病的发生；在果实上发现，胡桃囊孢壳与葡萄座腔菌同时侵染果实，造成果腐病。叶部病害也如此，胡桃叶点霉与盘长孢状刺盘孢或与胡桃盘二孢；胡桃盘二孢与盘长孢状刺盘孢的复合侵染。再者，不同病原真菌在核桃树的某一部分引起的病害症状甚至大同小异，难以区分。三是同一种病原菌侵染不同组织，比如细菌性黑斑病，既侵染叶片还侵染果实，胡桃茎点霉既侵染果实，还侵染枝干。四是核桃上的病原菌不少都不是寄主专性病害，既侵染核桃，又侵染核桃周边的其他果树、作物和林木，比如尖孢镰刀菌和小核菌在多种作物根部都能发生。五是病虫协同危害现象比较明显，核桃蚜虫和煤污病协同，小绿叶蝉和丛枝病菌协同，天牛、象甲等作为媒介携带多种病原菌侵染枝干和果实。

核桃病害及病原的多样性和复杂性给防控带来巨大困难。鉴于此，对病害的防控一定要强调预防为主，从品种选育、栽培地选择与土壤改良、核桃林经营管理等方面均要将核桃病害纳入考虑因素；此外在药剂选择方面多选用杀菌谱广的药剂，尽量不要选用专一性杀菌剂，如果多种病害在同一区域严重发生可选用复配制剂开展防治，防治时机的选择也要根据多种病害的发生规律尽量选择有利于多种病害防治时机。

本书对同类核桃病害提出了绿色防控建议，不同病害在不同寄主、不同区域发生时间和危害严重性都可能存在差异，防治方法的选择要根据实际情况，不能一概而论。化学药剂的选择要密切关注农业部门发布的禁用限用农药名单，避免影响产品品质和污染环境。密切关注科技发展，特别是植物免疫进展，目前市场上已经出现一些植物免疫药剂，农技部门要开展免疫药剂的防治实验，为今后可能推广做准备。同时，关注人工智能和大数据发展，充分利用先进技术促进核桃产业又快又好又规范地发展。

由于核桃价格低迷，当前是中国核桃产业发展的关键期和困难期，应当将核桃产业发展纳入地方政府规划，持之以恒地支持核桃产业发展。核桃有害生物防控与核桃产业规划同布置同落实。为促进核桃产业健康发展，应当在二产和三产方面加强，提高核桃产品附加值。同时，在核桃提质增效和标准化生产方面加大研究和技术开发，力争产品质量有明显的提高，而且要把核桃有害生物防控纳入提质增效中实施。

白金铠, 2003. 中国真菌志 (第十七卷): 球壳孢目壳二孢属壳针孢属 [M]. 北京 : 科学出版社 .

白金铠, 2003. 中国真菌志 (第十五卷): 球壳孢目茎点霉属叶点霉属 [M]. 北京 : 科学出版社 .

曹挥, 张利军, 王美琴, 2014. 核桃病虫害防治彩色图说 [M]. 北京 : 化学工业出版社 .

方中达, 2001. 植病研究方法 [M]. 北京 : 中国农业出版社 .

高智辉, 王云果, 翟梅枝, 2012. 核桃病虫害及防治技术 [M]. 杨凌 : 西北农林科技大学出版社 .

韩敏, 蒋萍, 2015. 核桃叶斑病病原菌的分子鉴定 [J]. 新疆农业科学, 52(1):91-96.

贺运春, 2008. 真菌学 [M]. 北京 : 中国林业出版社 .

牛亚胜, 谢鸣, 王恒兴, 等, 2010. 核桃品种对黑斑病抗性的研究 [J]. 北方果树, (4):5-7.

陆家云, 2001. 植物病原真菌学 [M]. 北京 : 中国农业出版社 .

马瑜, 柯杨, 王琴, 等, 2014. 核桃溃疡病症状及其病原菌鉴定 [J]. 果树学报, 31(3):443-447.

戚佩坤, 姜子德, 向梅梅, 2007. 中国真菌志 (第三十四卷): 拟茎点霉 [M]. 北京 : 科学出版社 .

任玮, 1993. 云南森林病害 [M]. 昆明 : 云南科技出版社 .

沈万瑞, 2015. 核桃枝枯病病原鉴定及药剂防治研究 [D]. 成都 : 四川农业大学 .

孙益知, 2009. 核桃病虫害防治新技术 [M]. 北京 : 金盾出版社 .

孙益知, 孙光东, 庞红喜, 等, 2015. 核桃病虫害防治新技术 [M]. 北京 : 金盾出版社 .

王江柱, 2014. 板栗核桃柿病虫害诊断与防治原色图鉴 [M]. 北京 : 化学工业出版社 .

王江柱, 王文江, 2012. 核桃柿板栗高效栽培与病虫害看图防治 [M]. 北京 : 化学工业出版社 .

魏景超, 1979. 真菌鉴定手册 [M]. 上海 : 上海科学技术出版社 .

吴兴亮, 戴玉成, 2005. 中国灵芝图鉴 [M]. 北京 : 科学出版社 .

伍建榕, 杜宇, 陈秀虹, 等, 2011. 园林植物病害诊断与养护(下册)[M]. 北京: 中国建筑工业出版社.

郗荣庭, 张毅萍, 1992. 中国核桃[M]. 北京: 中国林业出版社.

杨俊博, 2017. 四合木根际AM真菌多样性及影响因子的研究[D]. 呼和浩特: 内蒙古大学.

张天宇, 2010. 中国真菌志(第三十卷): 蠕形分生孢子真菌[M]. 北京: 科学出版社.

张星耀, 赵仕光, 吕全, 等, 2000. 树木溃疡病病原真菌类群分子遗传多样性研究Ⅱ—Botryosphaeria属28SrDNA-PCR-RFLP和RAPD解析[J]. 林业科学, (2):75-81.

张星耀, 赵仕光, 朴春根, 等, 1999. 树木溃疡病病原真菌类群分子遗传多样性研究Ⅰ—小穴壳菌属、疡壳孢属、壳囊孢属、盾壳霉属分类地位的分子证明[J]. 林业科学, (3):34-40.

Kirk P M, Cannon P E, David J C, et al, 2001. Ainsworth & Bisby's Dictionary of the Fungi (Ninth Edition)[M]. Wallingford:CAB International.

Subramanian C V, 1962. Studies on Hyphomycetes-II[J]. Proceedings of the Indian Academy of Sciences-Section B,55(1):38-47.

White T J, Brunns T, Lee S, et al, 1990. Amplification and direct sequencing of fungal ribosomal RNA genes for phylogenetics// PCR Protocols:a Guide to Methods and Applications[C]. Innis M A, Gelfand D H, Sninsky J J, White T J. Sandiego:Academic Press:315-322.